中药|香草|蔬果

天然皂

Handmade Natural Soap

范孟竹 著

U0248115

中国轻工业出版社

图书在版编目（CIP）数据

中药、香草、蔬果天然皂 / 范孟竹著 . — 北京：
中国轻工业出版社，2020.10
ISBN 978-7-5184-3024-6

Ⅰ.①中… Ⅱ.①范… Ⅲ.①香皂－手工艺品－制作
Ⅳ.①TQ648.63

中国版本图书馆 CIP 数据核字（2020）第 092665 号

版权声明：

中文简体版由大风文创授权中国大陆地区出版发行。

责任编辑：王晓琛　　责任终审：劳国强
责任校对：晋　洁　责任监印：张京华　　整体设计：锋尚设计

出版发行：中国轻工业出版社（北京东长安街6号，邮编：100740）
印　　刷：北京博海升彩色印刷有限公司
经　　销：各地新华书店
版　　次：2020年10月第1版第1次印刷
开　　本：720×1000　1/16　印张：9
字　　数：200千字
书　　号：ISBN 978-7-5184-3024-6　定价：49.80元
邮购电话：010-65241695
发行电话：010-85119835　传真：85113293
网　　址：http://www.chlip.com.cn
Email：club@chlip.com.cn
如发现图书残缺请与我社邮购联系调换
200328S5X101ZYW

接 触手工香皂也有八九年了，对手工香皂的执着与热情是我在教学上最大的动力。我喜欢在生活中加入香皂，在香皂中加入生活，香皂中天然的美好颜色，带给我很多的惊喜！

这一路上遇到很多人，我最感谢社区大学的学员们，不断地给我提供意见、反馈和感想等，让我可以在不断创新下，发现不一样的火花。因为每个人都有自己的生活历练，大家有着不同的想法，每次和学员一起上课，我都会有很多不同的感受。也很感谢一路上家人给我的支持，让我可以很开心地做自己喜欢的事。

这本书结合了蔬果、中药和香草，复方的配方再加上油品与精油，大大提升了香皂的洗感与滋润度，让大家在香皂技巧上可以更进一步，依照自己的想法去做变化！

✚ 证书
- 台北市艺术手工皂协会合格讲师
- 台北市台湾手工皂推广协会合格讲师
- 台湾面包花与纸黏土艺品推展协会黏土捏塑合格讲师
- 珠宝黏土设计日本合格证书讲师
- 台湾面包花与纸黏土艺品推展协会甜品黏土认定证
- 台湾面包花与纸黏土艺品推展协会甜品黏土讲师证
- 台湾面包花与纸黏土艺品推展协会公仔黏土认定证
- 台湾面包花与纸黏土艺品推展协会多肉黏土认定证

✚ 著作
- 2013 年《环保健康蔬果手工皂》
- 2014 年《环保健康中药手工皂》
- 2016 年《环保健康珍贵汉方手工皂》

✚ 比赛
- 2014 年台湾北部地区渔村妇女技艺培育推广教育教学示范竞赛第一名

让人用得安心、
洗得开心的手工皂

市售的香皂一般采用"热制法"制成，制造成本很低，以高温方式与油和碱反应，加压入模型，放置阴干约一周即可使用，但在制作过程中所生成的甘油一般都被工厂抽取出来，因此制作出的香皂仅有洗净力，再放入大量的人工香精、防腐剂、起泡剂等物质。

手工香皂采用"冷制法"低温制作，保存了天然甘油在香皂里，添加了精油、植物粉，且每块香皂必须放置一个月以上的时间阴干。使用时皮肤不易感到干燥，甚至有保湿的作用，对于过敏性肌肤或冬季皮肤瘙痒有显著的抑制效果。

关于蔬果、中药、香草入皂，第一个想法是想让天然的功效、颜色通过手工香皂表现出来。蔬果是每个家庭都很容易取得的东西，有时蔬果可能买太多吃不完，放久了也容易坏掉，最后的命运就是被丢进垃圾桶里，何不把多余的蔬果拿来入皂呢？蔬果入皂，会带来许多的惊喜与欢喜，不光是在功效上，颜色变化也特别有趣。例如：辣椒，呈现出橘红色，在冬天洗净时，会有暖暖的感觉；姜黄，呈现出黄色，有保暖、抗发炎、通血舒畅的保健功效；木瓜，含酵素，有促进新陈代谢和抗衰老的作用，还有美容养颜的功效。蔬果入皂带给我们最美的天然色彩，但因为天然，三四个月后颜色就会褪去，不过，香皂本身还是可以正常用的哦！

中药是中国传承了几千年的文化，对我们而言不陌生，来源以植物性药材居多，使用也最普遍。我喜欢寻找中药入皂，是因为中药对过敏性肌肤的抑制很有效果，这几年都在中草药上钻研，并将特性与效果都记录下来。例如：板蓝根，有抗菌、提高免疫的功效；紫草，制作出的香皂是紫蓝色或灰色，对于湿疹、抗菌的效果都不错；蛇床子，对肌肤有止痒的效果和杀菌的作用。至于中药皂的颜色，大部分属大地色系，会褪色，但不会褪得很快。

香草有时也称为药草，是会散发出独特香味的植物，通常也有调味、制作香料或萃取精油等功用，其中很多也具备药用价值。虽然一般所谓的香草主要是指取自绿色植物的叶的部分，但包括花、果实、种子、树皮、根等，植物的各个部位都有可能入皂。例如：洋甘菊，有安定神经、助眠的效果；金盏花，对过敏肌肤有止痒的效果；薰衣草，有镇静、舒缓的效果。香草皂的颜色则大部分属耐看舒心的绿色系。

喜爱手工皂的人，对于洗感（是否滋润、保湿、干涩等）特别重视，其次是味道（花香味、果香味、木质味等），因为味道是非常主观的感受，因此也是消费者决定是否使用的主要因素之一。喜欢手工香皂的人，通常都是因为肌肤状况不佳，才会使用。使用后才会慢慢发现它的好，对皮肤好、对自然环境也好，同时让我们远离了许多化学物质，久而久之，就会想要动手做出专属于自己的皂款！手工皂的主要功能是清洁与保护肌肤，给肌肤提供一个健康的环境。有些人希望手工皂可以带来"显著"的保湿、滋润、美白、疗愈等功效，但往往因效果不如预期而失望，其实在追求功效之前，最重要的核心理念是：有好的清洁才会有好的肌肤。

动手制作手工皂并不难，首先需了解基本油品、添加物、配方的计算以及各种肌肤的特性（比如异位性皮肤炎、脂溢性皮肤炎、荨麻疹、干癣等），才可以制作出符合自己或家人朋友的专属皂款。不管蔬果、中药还是香草，都是我制作手工皂时喜爱搭配使用的材料，也希望开始制作手工皂的读者能尝试看看，利用天然的蔬果、中药和香草，找到符合自己需求的手工香皂，制作出好用、好看，照顾全家人的独特皂方。

目录 CONTENTS

✚ PART3　开始打皂吧！手工皂基本制作流程

✚ PART4　草本植物手工皂

目录 CONTENTS

PART 1

自制手工皂的基础教室

　　首先，制作手工皂要从工具、油品、添加物和精油说起。工具看似简单，若要做出质量好的手工皂，最基本的条件就是要有完整的工具；其次是原料，每家化工商店或原料店所卖的原料都不太一样，都要经测试后才知道效果，因此一定要将测试数据都写下来。添加物方面，可以加入蔬果、中药、香草等，或加入粉类调色，变化不同的花样。利用这本书来了解更多关于手工皂的制作与需要注意的细节吧！

常见的
制皂方法

1 ／ 冷制皂（CP皂）

以油脂混合氢氧化钠及水所制成的皂，完成后的成品称为冷制皂或CP皂（英文Cold Process的缩写），需放置4个星期以上，等皂的碱度下降、成熟后方能使用。制作过程中，温度不会高于50℃，入模后会有等待熟成期。冷制皂的细分品类下还有浮水皂。

2 ／ 热制皂（HP皂）

如果等不及4个星期以上，可用热制法来操作，完成后的成品称为热制皂或HP皂（英文Hot Process的缩写）。将未入模的冷制皂加热，通过外界的温度加速皂化反应的速度，所以做好的皂可立即使用。

制作过程中，温度会高于80℃，入模后等待时间约2个星期，或无须等待即可使用。热制皂又细分为：融化再制皂（皂基）、液体皂、液态钠皂、再生皂和霜皂。

制皂工具

制作香皂的工具和烘焙的工具大同小异，不同之处在于一个制作出来的是日常清洁的手工皂，另一个则是可口的美食。在此建议，制作香皂的工具与食用的工具请勿混用，因为在制皂时会使用到氢氧化钠，也就是强碱，如果清洗不当又不小心用于烹调食物，对健康会有影响！

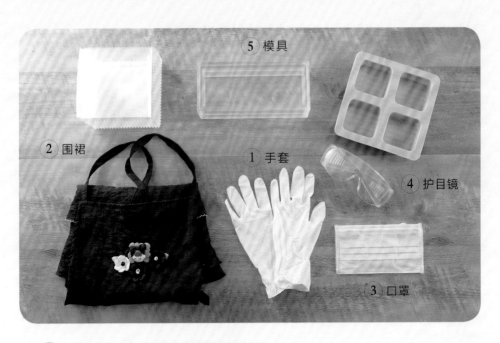

① **手套：** 处理氢氧化钠材料时的防护用具。

② **围裙：** 处理氢氧化钠材料时的防护用具。

③ **口罩：** 处理氢氧化钠材料时的防护用具。

④ **护目镜：** 处理氢氧化钠材料时的防护用具。

⑤ **模具：** 可使用硅胶模具、亚克力模具等，依个人喜好选择。

① 不锈钢锅　　② 玻璃棒

③ 量杯

⑤ 电子秤

⑥ 不锈钢杯

⑩ 手动搅拌器

⑪ 电动搅拌器

⑫ 保温袋

4 电磁炉

7 温度计
（2支）

8 长柄勺

9 刮刀

① **不锈钢锅：**可装入油脂、碱水混合物的容器。

小贴士 ✚ 要特别注意，一定要使用不锈钢锅，若使用铝锅，会因氢氧化钠碰上铝后，释放出易燃性的氢气。

② **玻璃棒：**用于皂的渲染或引流。

③ **量杯：**500毫升及30毫升。500毫升的量杯用来装纯净水。30毫升的量杯用来装精油。

④ **电磁炉：**用于加热。有时在配方中会加入脂类，就需要加热使其化成液体。

⑤ **电子秤：**为了精确地测量油脂、氢氧化钠与水的重量，最好使用称量范围3～5千克的电子秤。

⑥ **不锈钢杯：**盛装氢氧化钠的容器。

⑦ **温度计（2支）：**分别用来测量碱水与油脂的温度。

⑧ **长柄勺：**不锈钢材质，将氢氧化钠与水混合时，用来搅拌的工具。

⑨ **刮刀：**不锈钢锅里的皂液倒入模型后，可将皂液刮干净。

⑩ **手动搅拌器：**用来搅拌混合油脂与碱水。

⑪ **电动搅拌器：**用来搅拌混合油脂与碱水。

⑫ **保温袋：**手工皂制作完成后，需进行保温，让皂化完成。故需准备一个保温袋，袋子的大小以能放入所用的模具为宜。

认识制皂材料

手工皂的制作过程，简单来说是"碱＋水＋油"经过混合产生化学反应的过程。皂、油、碱的三角关系，可以从油脂特色、油脂脂肪酸、油脂皂化价几个方面来一一说明。

第一元素：氢氧化钠（NaOH）／氢氧化钾（KOH）

氢氧化钠俗称烧碱、火碱、苛性钠，化学式为NaOH。

氢氧化钠是一种重要且常用的强碱性化工原料，常温下为白色晶体。常用的氢氧化钠大都是将海盐电解分离后取得，是制造肥皂的重要原料之一。当油脂加入比例合适的氢氧化钠溶液，混合后会反应生成固体肥皂，其反应在化学上称作"水解"（Hydrolysis）。而这一类在氢氧化钠催化下的酯水解称为"皂化反应"。因此，氢氧化钠是制皂过程中很重要的原料。

市面上的氢氧化钠可分为三种，一种是已溶成液体的氢氧化钠，或称液碱。另一种是固体的氢氧化钠，又称为固碱，而固碱又常以片状或颗粒状呈现，通常称为片碱或粒碱（珠碱）。

氢氧化钾俗称苛性钾，化学式为KOH。具有强烈腐蚀性，可溶于水和醇，尤其溶于水时要特别小心，会放出大量的热气。在空气中极易吸湿而潮解，高于熔点又容易升华。固体的氢氧化钾为白色晶体，常见形状为块状、小颗粒状和片状。

第二元素：水分

水量的多寡没有固定值，在熟练操作后可以依个人的制皂经验判断！若水量多一些，制作出的皂就会比较软，干燥后收缩的情形会比较明显。水量少一些，则相反。所以当软油[※]多时，水量就要少；硬油[※]多时，水量就要多，但制皂时的添加物、精油、香精和气温等因素也要考虑。

要拿捏好水量并不是件容易的事，建议在水量2～2.5倍做选择，对新手来说会比较好入门哦！

※ 软油是一年四季中，不管温度高低，都呈现液态状的油脂。
※ 硬油是指在常温 20℃以下，呈现固态状的油脂。

第三元素：油脂

制作手工皂时，最在意的就是油脂品质，好的油脂制作出来的手工皂干净洁白，成品不油腻也不会有油耗味，即使不放精油，也可以闻到油脂的纯净气味。

油脂脂肪酸的介绍

▲ 饱和脂肪酸 　　结构上没有双键的脂肪或脂肪酸链，长链饱和脂肪酸性质稳定，且脂肪酸的饱和程度越高，碳链越长，燃点越高，而动物性油脂中以长链饱和脂肪酸为主，所以常温下呈固态。

▲ 不饱和脂肪酸 　　至少含有一个双键的脂肪或脂肪酸链。当双键形成时，一对氢原子会被消除，因而与碳原子相结合的氢原子未达到最大值，即不饱和。

▲ 单元不饱和脂肪酸 　　脂肪酸中如果只有一个双键，则称为单元不饱和脂肪，包含油酸，单元不饱和脂肪酸相对稳定，也有利于预防心血管疾病。

▲ 多元不饱和脂肪酸 　　含有两个以上双键的则称为多元不饱和脂肪，包含亚油酸、亚麻油酸和花生四烯酸。

▲ 三酸甘油酯 　　由三个脂肪酸分子与一个甘油分子酯化组成的化合物，它是由碳水化合物合成并贮存于动物脂肪细胞内的中性脂肪。

手工皂用油特性及皂化价一览表

油脂	特性	皂化价		INS 值	建议用量
		氢氧化钠	氢氧化钾		
椰子油 Coconut Oil 饱和脂肪酸类	分子结构轻，溶解度高，能在短时间内制造许多肥皂泡沫，起泡力佳、洗净力强，是制作手工皂时不可或缺的油品之一。富含饱和脂肪酸，可以做出颜色雪白、质地坚硬的手工皂，天冷时会呈现冬化现象（夏天为液态，冬天则凝结成固态）	0.19	0.266	258	15%~35%
棕榈油 Palm Oil 饱和脂肪酸类	对皮肤温和且质地坚硬。因为没有什么泡沫，一般混合椰子油使用。天冷时会呈现冬化现象（夏天为液态，冬天则凝结成固态）	0.141	0.197	145	10%~60%
橄榄油 Olive Oil 单元不饱和脂肪酸类	属于软性油脂。富含维生素和矿物质，拥有丰润细腻的泡沫，保湿力强、滋润度高，能赋予肌肤修复弹性的功能，特别能改善老化或问题肌肤	0.134	0.1876	109	使用比例可达100%
白油 Shortening 饱和脂肪酸类	俗称化学猪油或氢化油，以大豆等植物提炼而成，呈固体奶油状，可以制造出很厚实且硬度高、温和、泡沫稳定的手工皂	0.136	0.1904	115	10%~20%
蓖麻油 Castor Oil 单元不饱和脂肪酸类	蓖麻油黏性很高，具有缓和、润滑和保湿功效，能使头发变得柔软，是制作洗发皂的必需油品。成皂后的皂体具有透明感，且能洗出许多泡泡	0.1286	0.18004	95	5%~20%
甜杏仁油 Sweet Almond Oil 单元不饱和脂肪酸类	具有高保湿力和消炎的效果，对干性、皱纹、粉刺、过敏、红肿、发痒等敏感性肌肤均有不错的功效，连婴儿娇嫩的皮肤也适用。保存期短，要尽早使用	0.136	0.1904	97	15%~30%
酪梨油 Avocado Oil 单元不饱和脂肪酸类	是制作"不过敏香皂"与"婴幼儿皂"推崇的油品材料之一。营养价值相当高，且质地厚重，可渗入肌肤深层，滋润、抗皱与保湿，适用于干性、敏感性和缺乏水分的肌肤。据说，酪梨油和迷迭香精油搭配使用，可以刺激毛发生长	0.133	0.1862	99	10%~30%
开心果油 Pistachio Nut Oil 单元不饱和脂肪酸类	从开心果仁中压榨取得，富含维生素E、大量不饱和脂肪酸，不但抗老化，对皮肤的软化也有显著效果，还具有防晒的功效。此外，质地清爽不油腻，很适合制作洗发皂，可以保护发丝	0.1328	0.18592	92	10%~35%

续表

| 油脂 | 特性 | 皂化价 | | INS 值 | 建议用量 |
		氢氧化钠	氢氧化钾		
苦茶油 Oiltea Camellia Oil 单元不饱和脂肪酸类	素有东方液体黄金之称，其营养价值高于橄榄油，不仅养生又能保健，就连清宫美容教主慈禧太后也视苦茶油为精品，用在护肤保健上，成为后宫中的珍藏圣品	0.136	0.1904	108	使用比例可达100%
山茶花油（椿油） Camellia Oil 单元不饱和脂肪酸类	自古以来，椿油为日本的保养圣品。用来擦脸部或身体，可以防止皱纹产生，使肌肤光滑细腻。抹在头发上，不仅可以滋润、保护秀发，还可以促进头皮的新陈代谢，减少头皮屑的生成，并预防掉发或白发	0.1362	0.19068	108	使用比例可达100%
黄金荷荷巴油 Jojoba Oil 液态蜡	具有很好的滋润与保湿作用，可以维持肌肤水分、预防皱纹，也常用于脸部与身体的按摩以及护发	0.069	0.0966	11	7%~8%
杏桃仁油 Apricot Kernel Oil 单元不饱和脂肪酸类	油感细腻、清爽，含有滋养、修复肌肤的成分，对熟龄、敏感、老化的肌肤相当有帮助	0.135	0.189	91	15%~30%
大麻籽油 Hemp seed Oil 多元不饱和脂肪酸类	颜色类似深色橄榄油，品尝起来像向日葵油。可以用来替代色拉油调味，不过因含有亚麻油酸，最好不要加热烹调	0.1345	0.1883	39	5%~超脂
榛果油 Hazelnut Oil 单元不饱和脂肪酸类	油质清爽，延展性和渗透力佳，能够轻易渗透皮肤表层而不会形成明显的油膜，很适合直接当成按摩油或基底油使用，或添加在乳液、护手霜、防晒油、护唇膏之中。在手工皂的应用上，很适合与小麦胚芽油、甜杏仁油或澳洲胡桃油搭配使用	0.1356	0.18984	94	15%~30%
玫瑰果油 Rosehip Oil 多元不饱和脂肪酸类	具有美白、保湿、抗皱、抗痘和除疤多重效果，适用于一般性肌肤与老化肌肤，对于妊娠纹也有不错的功效	0.1378	0.19292	16	5%~超脂
澳洲胡桃油（澳洲坚果油） Macadamia Nut Oil 单元不饱和脂肪酸类	油性温和不刺激，且渗透性佳，对于各种精油的溶解度高，可滋润保湿肌肤。在制作护肤乳液时也适合添加，来增加润滑度和滋养度	0.139	0.1946	119	15%~30%

油脂	特性	皂化价		INS 值	建议用量
		氢氧化钠	氢氧化钾		
米糠油（玄米油） Refined Rice Bran Oil 单元不饱和脂肪酸类	起泡性相当不错，若适当搭配其他脂肪酸，能够改善、软化皮肤，使用时可以得到清爽柔滑的舒适感。具有保湿的功能，能有效防止肌肤干燥，延缓肌肤老化，强化肌肤抵抗力	0.128	0.1792	70	10%~20%
红花油 Safflower Oil 多元不饱和脂肪酸类	有丰富的必需脂肪酸，在许多皮肤的治疗中都有良好效果。这种油含有大量的多元不饱和脂肪酸，对于湿疹和粗糙的皮肤有很好的帮助	0.136	0.1904	47	10%~20%
月见草油 Evening Primrose Oil 多元不饱和脂肪酸类	又被称为国王的万灵药，含丙种亚麻油酸、维生素、矿物质和烟碱等，最能改善干癣和湿疹，也可以防止肌肤老化。使用量只要一点（10%即可）就相当有效果。属于软性油脂，起泡力低	0.1357	0.18998	30	5%~超脂
小麦胚芽油 Wheat germ Oil 多元不饱和脂肪酸类	含有抗氧化剂，可以促进新陈代谢，预防老化。同时，也含有脂肪酸，能够促进肌肤再生，对干性、黑斑、湿疹、疤痕和妊娠纹等，都有滋养之效	0.131	0.1834	58	5%~10%
琉璃苣油 Borage Oil 多元不饱和脂肪酸类	具有润滑和滋养干性与敏感性肌肤的功能，能够净化和平衡混合性和疲乏的肌肤，也可以使头发有光泽。由于有再生和强化的特性，因此琉璃苣油也被添加在抗老、除皱的护肤产品中，用来抵抗肌肤缺乏水分、弹性的现象	0.1357	0.18998	50	5%~超脂
樱桃核仁油 Cherry kernel Oil 单元不饱和脂肪酸类	从各种种类的酸樱桃果核中压榨而成的油。可软化肌肤，且提供给头发高度的光泽感	0.135	0.19	62	10%~20%
芝麻油 Sesame Oil 多元不饱和脂肪酸类	在化妆品应用上，芝麻油常被添加在美发剂、洗发精、肥皂和乳液等中。尤其与橄榄油混合，还可以对抗头皮屑	0.133	0.1862	81	10%~30%

续表

油脂	特性	皂化价		INS 值	建议用量
		氢氧化钠	氢氧化钾		
黑种草油 Nigella sativa Oil 多元不饱和脂肪酸类	含有丰富的不饱和脂肪酸。亚麻仁油酸是它的主要成分，其籽能制成消化剂。对皮肤而言，黑种草油可作为去角质或除死皮的基底油。黑种草油虽然有很大的效用，但和苦楝油一样，要让生油味道变甜，需要更多的调油技巧	0.139	0.195	62	5%~超脂
苦楝油 Neem Oil 多元不饱和脂肪酸类	据说有止痒、利尿、提神、防书虫等功效，还可制作空气清新剂。苦楝油的特殊气味，让很多人无法接受，但却在医疗上有很大的帮助。可防止皮肤冻裂，还可治皮肤病	0.1387	0.19418	124	10%~20%
卡兰贾油 Karanja Oil 单元不饱和脂肪酸类	卡兰贾油有优异的抗菌与驱虫的功效，是阿育吠陀医典中重要的医疗用油，可以与苦楝油同时使用，也可单独使用。卡兰贾油也常用于宠物用品中，与苦楝油搭配使用，作为宠物清洁用品的配方，可以有效让宠物远离跳蚤、壁虱等害虫的侵扰。用于皮肤护理方面，对受损与发炎的肌肤特别有益	0.1387	0.19418	124	10%~20%
乳木果浓缩油 Shea Oil 单元不饱和脂肪酸类	主要用于化妆品行业的皮肤及头发相关产品。它对于皮肤干燥的人来说是一种很好的润肤膏，虽然没有证据表明它能治愈，但它能缓和跟紧绷有关的疼痛与发痒。乳木果浓缩油一般作为基础用油，和其他成分混合使用	0.183	0.2562	107	10%~20%
月桂果油 Laurus Nobilis Fruit Oil 单元不饱和脂肪酸类	是制成阿勒坡古皂不可缺的油品，其独特的浓厚药草香迷倒很多人，且可以制作出天然的绿色，非常讨人喜欢。月桂果油中含有27%的月桂酸，而月桂酸在椰子油里的含量为45%，是椰子油的主要脂肪酸，它的主要功能是清洁、提供硬度和起泡力，也就是说月桂果油提供了椰子油大约一半的清洁力	0.183	0.2562	107	10%~20%

油脂	特性	皂化价		INS 值	建议用量
		氢氧化钠	氢氧化钾		
沙棘油 Hippophae rhamnoides Oil 单元不饱和脂肪酸类	沙棘果实中维生素 C含量高，号称"维生素C之王"，具有美白肌肤的功效	0.138	0.194	47	5%~超脂
乳木果油 Shea Butter 饱和脂肪酸类	由非洲乳油木树果实中的果仁所萃取提炼，富含维生素群，可提高保湿滋润度，能调整皮脂分泌。常态下呈固体奶油质感，做出来的皂质地温和且较硬	0.128	0.1792	116	15%
可可脂 Cocoa Butter 饱和脂肪酸类	可可脂会在肌肤表面形成保护膜，锁住表层水分，维持肌肤的饱水度；其分子结构较大，皮肤不易吸收，最好搭配橄榄油、蓖麻油等较容易被肌肤吸收的滋润油。添加在手工皂中，可提高手工皂的硬度	0.137	0.1918	157	15%
橄榄脂 Olive Butter 饱和脂肪酸类	与橄榄油一样都是由橄榄压榨而成的油脂，含有丰富的维生素A、B、D、E和K，以及多键亚油酸、亚麻酸等，易被人体皮肤吸收	0.134	0.1876	116	15%
松香 Rosin 饱和脂肪酸类	属硬性油脂。用来制作手工皂，泡沫绵密蓬松，去污清洁力强，具有黏性，皂款不易崩裂和变质	0.128	0.179	182	5%
芒果脂 Mango Butter 饱和脂肪酸类	取自芒果果核的黄色油脂，具有良好的保湿效果，还能有效抵御紫外线，保护肌肤不被晒伤，且预防皮肤干燥与皱纹的生成。其坚硬的特性，相当适合用来调整护唇膏、乳液的浓稠度，以及解决皂过软或过黏的问题	0.1371	0.192	146	15%
蜜蜡 Beeswax 饱和脂肪酸类	又称蜂蜡，是蜜蜂体内分泌物的脂肪性物质，可用来修筑蜂巢。制皂时可加入少许（6%以内）蜜蜡，增加香味与硬度，延长皂的保质期	0.069	0.0966	84	2%~5%

三步调出专属配方

冷制皂的优点，就是可以依个人的肌肤状况设计出专属的手工皂。设计配方前，要先了解一般制皂时配方中材料用量的计算方法，在公式计算上其实并不会太困难，只需想好要制作手工皂的配方，再设定要做的总油重，接着就可以开始计算了！

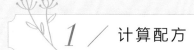

1 / 计算配方

先设定要制作手工皂的总油重，将配方记录在笔记本上。
假设总油重：500克

2 / 油脂计算

总油重 × 油脂比例 = 该油品的重量
椰子油25%　→　500克 × 0.25 = 125克
棕榈油25%　→　500克 × 0.25 = 125克
橄榄油50%　→　500克 × 0.5 = 250克

3 / 碱量计算（以氢氧化钠为例）

该油品的重量 × 该油品的皂化价 = 该油品所需的碱量
算出每种油品所需的碱量后，将每种油品的碱量加起来就是碱的总量。
椰子油　→　125克 × 0.19 = 23.75克
棕榈油　→　125克 × 0.141 = 17.625克
橄榄油　→　250克 × 0.134 = 33.5克
碱量总计　→　23.75 + 17.625 + 33.5 = 74.875克　→　75克

（小数点第一位≥5，请四舍五入）

4 ／ 水量计算

碱量×2.5倍＝水量

75克×2.5 ＝187.5克　→　188克（小数点第一位≥5，请四舍五入）

5 ／ INS 值计算

该油的INS值×油脂比例＝该油所需的INS值

算出每种油品所需的INS值后，将每种油品的INS值加起来就是INS值总值。

椰子油　→　　258×0.25＝64.5

棕榈油　→　　145×0.25＝36.25

橄榄油　→　　109×0.5＝54.5

INS值总计　→　　64.5＋36.25＋54.5＝155.25

专有名词说明：皂化价及INS值

- 皂化价：为皂化1克油脂所需要碱的克数。

- 硬度值（INS值）：硬度值不是绝对值而是参考值，它没有绝对的范围，一般冷制皂仅拿它作为调制配方的一个参考数据。香皂的硬度与添加的水分或其他添加物有很大的关系，因此，硬度值只能代表在扣除水分及添加物的条件下，不同油脂配方制成的香皂，在相同的湿度环境和时间下，皂体吸取空气中的水分后易于融化变软的程度。

PART 2

安心添加，制皂神奇的妙用

以温和的中药药材、带着芳香的香草植物以及餐桌上的蔬果食材入皂，不但可以提升洗感，还能增加滋润度，为制皂过程增添丰富的创意乐趣。

古籍中药浸泡油，萃取精华，散发疗愈的魔法

把香草、中药和蔬果浸泡在植物油里，使香草、中药、蔬果的成分溶入植物油中，得到"浸泡油"。

制作浸泡油的方法

方法一：冷浸法

在常温下进行，当成分可在常温中溶出时，就可用此法。

① 先将要浸泡用的干燥蔬果、中药和香草放入玻璃容器中，填满约1/3。

② 将植物油倒入容器中（一定要盖过干燥材料）。

③ 盖紧容器，轻轻摇晃均匀。

④ 在容器上用标签贴纸注明日期、油品和浸泡物名称。

⑤ 将浸泡油进行两周的"光合作用"：早上太阳出现时，将浸泡油拿到有阳光处，太阳的热量有助于将浸泡物的成分萃取在植物油里。晚上要记得拿进屋里，并均匀摇晃容器。

⑥ 两周"光合作用"结束后，请准备另一个玻璃容器及新的干燥蔬果、中药、香草。

⑦ 请先将新浸泡物放入新的玻璃容器，再把先前已进行"光合作用"的旧容器浸泡物过滤，留下植物油。把过滤好的植物油倒入新的玻璃容器中（过滤的浸泡物已不需要，可丢弃）。

⑧ 盖紧容器，轻轻摇晃均匀。在容器上用标签贴纸注明日期、油品和浸泡物名称。

⑨ 在家里的通风阴凉处放置约60天即完成。

方法二：温浸法

加热进行的温浸法，若想萃取的成分主要是精油，就可用此方法。

① 将浸泡物放入碗中，将植物油倒入，没过浸泡物。

② 再取另一口较大的锅，加水煮沸，将步骤1的碗放入锅中隔水加热，用小火加热约30分钟，其间不时地用汤匙搅拌。

③ 将碗从锅中取出，把碗中的浸泡物过滤。

④ 最后将过滤出的植物油装入玻璃容器中。

✛ 各浸泡油介绍

浸泡油	特征
圣约翰草油 （又名：金丝桃油） St.John Oil	红色的油品，将花苞放在油中浸渍过滤而成，有淡淡的草味。可消除紧张情绪，并促进血液及淋巴液循环，有帮助消除肝毒、放松紧绷肌肉、缓和静脉曲张、止痛、抗发炎的功效；也能改善轻微烫伤、晒伤、割伤、蚊虫咬伤等，只需10%~50%的剂量即可
金盏花油 Calendula Oil	以干燥金盏花浸泡而成，其中的亚油酸和胡萝卜素含量丰富，能调理敏感性肌肤，具舒缓、消肿、抗菌和消炎等功效。另外，对青春痘、皮肤冻伤、皮肤病、疤痕、静脉曲张以及擦伤都有特别功效
山金车油 Arnica Infused Oil	拥有卓越的舒缓功效，也可以预防黑眼圈；用于肌肤保养方面，山金车油常用来添加在腿部护理用品中，可缓解长时间运动所造成的不适

新鲜蔬果，
美丽的色彩魔法

美丽的新鲜蔬果是可以入皂的，但有些蔬果入皂后，遇到氢氧化钠颜色会被破坏，要特别注意。

因为是天然的蔬果颜色，手工皂是会褪色的哦！尤其是酸性蔬果，如柠檬、橘子、李子和橙子等，可以加入果皮入皂，但肉或汁液，千万不要加入太多，以免造成手工皂酸败。

 新鲜蔬果的萃取方法

一、粉剂

像柑橘类的水果，可以将果皮晒干后，用磨粉机磨成粉末状。

二、酊剂

参加聚会时的水果酒或自酿的百香果酒、草莓酒等，这些水果酒就是所谓的"酊剂"。可以用伏特加、高粱酒等酒精浓度高的酒来制作"酊剂"。

做法：

① 将浸泡物放入玻璃容器中。

② 加入伏特加或高粱酒，没过浸泡物。

③　盖紧容器，轻轻摇晃均匀。在容器上用标签贴纸注明日期、酒类和浸泡物
　　名称。

④　在阴凉处存放约两周。

⑤　两周后将浸泡物过滤，滤出的液体就是"酊剂"，将酊剂放入玻璃容器中即可。

三、蔬果汁

　　任何新鲜蔬果都可以用果汁机搅打成果汁，倒入冰块盒中放入冰箱冷冻保存。

干燥花草，美丽再生

　　有机香草及有机花草质量很好，非常适合泡花茶与入皂。所谓的香草，主要是指取自绿色植物叶的部分，但包括花、果实、种子、树皮和根等，植物的各个部位都有可能入药。香草有时也称为药草，因会散发出独特的香味，常用于调味、做成香料或萃取精油等，具有药用价值。

　　新鲜花草无法入皂是因为其含有水分，入皂后容易让皂酸败且无法保存，所以将新鲜花草制成干燥花草，才能入皂。几乎所有的干燥花草入皂后，会因氢氧化钠作用而变成较不讨喜的咖啡色。然而，金盏花是唯一不会被氢氧化钠破坏颜色的花，其金黄色泽受到大家喜爱。

如何将新鲜花草做成干燥花草呢？

一、自然风干法

　　用麻绳捆成一捆，倒挂在阴凉处风干，一两周就可以完成。

二、灯光照射法

　　放在铁架上，距离白炽灯约20厘米，连续照射三四个小时，取用香草植物的花瓣或叶片都适用此方法。

三、烤箱烘干法

　　先将烤箱150℃预热约20分钟，将香草植物放入烤箱中，烤30～50分钟（烤箱门不用关）。或是以100℃预热20分钟后，将温度调降至60～70℃，烘烤约1小时。

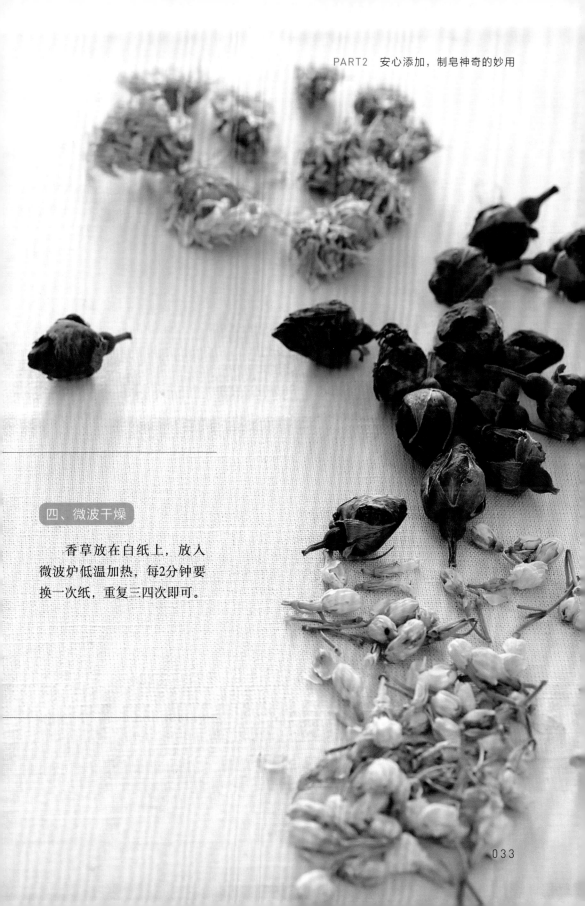

四、微波干燥

　　香草放在白纸上，放入微波炉低温加热，每2分钟要换一次纸，重复三四次即可。

自制纯露水

纯露属于精油的一种副产品，是精油在蒸馏萃取过程中，分离出的一种100%饱和的蒸馏原液，其成分天然纯净，香味清淡怡人且不刺鼻。

在蒸馏萃取过程中油水会分离，因密度不同，精油会漂浮在上面，水分则沉淀在下面，这些水分就称纯露，除了含有少量精油成分之外，还含有全部植物体内的水溶性物质。

纯露浓度低，容易被皮肤吸收，完全无香精及酒精成分，温和不刺激，可以当作化妆水每天使用，亦可替代纯净水调制各种面膜等保养品。

如何制作纯露？

1. 准备一口锅及一个可以放进锅里的蒸盘，再准备一个隔离盘。
2. 把隔离盘放入锅里，蒸盘放在隔离盘上。
3. 把喜爱的花草（新鲜或干燥的都可）放进蒸盘，纯净水也放入。花草及水的比例是1：4。
4. 再准备一个杯子容器，放在蒸盘中间。蒸馏的过程中，纯露会集中在杯子里。
5. 锅盖请绑上一根棉线，有助于收集蒸馏的纯露。
6. 将锅盖反盖上（用玻璃锅盖更便于观察），记得棉线要放在杯子里哦！

⑦ 开大火加热二三分钟，注意不要将花草烧焦。再转小火，锅盖上可放些冰块，
利于收集纯露。

⑧ 注意水量及火候，煮到水量被吸收完毕，即可关火。

⑨ 冷却后，取出纯露入瓶。

以上是制作纯露最简单的方式，也可以去购买纯露机，制作出属于自己味道的
纯露。

手工皂的幸福调色

　　或许是因为颜色可以带来美丽的变化，手工皂的调色可以让人们感到愉悦与心情开朗。一般我们会用矿泥粉、花草粉、中药粉去调出颜色，这些粉类都是比较天然的色粉，所以调配出来的颜色会偏暗色系。若喜欢明亮的色彩，就可以用珠光粉、云母粉等色粉，调配出很亮丽的颜色，且不会褪色哦！

　　手工香皂在调色的世界里，是比较复杂的，因为碰到了氢氧化钠，很多天然的颜色都会在瞬间变色。在调配色彩的过程中，可以增强自己的色彩敏锐度。

矿泥粉

粉红石泥 （Pink Clay）	可令皂呈粉红色。具有保湿作用，适合各种肤质，特别是干性肌肤和敏感肌
哈娑土 （Rhassoul Clay）	可令皂呈灰色。含有大量的微量矿物质，可清除毛孔深处的污垢和过剩的皮脂，恢复皮肤光泽
红石泥 （Red Clay）	可令皂呈红色。富含矿物质，能促使皮肤恢复光泽
蒙脱石泥 （Montmorillonite Clay）	可令皂呈现灰色。有效清除毛孔污垢
绿石泥 （Green Clay）	可令皂呈绿色。是一种吸附力极强的矿泥，有去角质和深层清洁的功效，适用于油性和面疱肌肤
黑石泥 （Black Clay）	可令皂呈灰黑色。含有丰富的铁和氧化物，特别有助于滋养皮肤

续表

蓝石泥 （Blue Clay）	可令皂呈浅灰色。含有丰富的天然矿物质，对于油性肌肤特别有用，可吸出不好的杂质，使毛细孔清爽干净
黄石泥 （Yellow Clay）	可令皂呈黄色。具有极佳的收敛及修护效果，适合油性、面疱、暗疮、毛孔粗大、发炎等肌肤
橙石泥 （Orange Clay）	可令皂呈橘色。去除肌肤底层污垢，但又不会过分去除油脂，使毛孔恢复清爽，适合混合性肌肤

炭粉

备长炭粉 （White Charcoal Powder）	可令皂呈黑色。富含活性的负离子，具有防止氧化与复原的能力，可以平衡肌肤的pH值、防止肌肤老化，能温和地去除老化的角质层、毛细孔中的污垢，达到净化与活化肌肤的效果
竹炭粉 （Bamboo Charcoal Powder）	可令皂呈黑色。极佳的吸附力和渗透力，添加到保养品中可轻易去除毛孔堆积的皮脂和脏污，使毛孔舒畅，能活化肌肤、去除角质和缓解青春痘等

中药粉

白芷粉 （Angelica Powder）	一般用于美容品或手工皂中，可抑制肌肤油脂分泌，改善面部色斑或肤色不均等问题
艾草粉 （Wormwood Powder）	具有净化、抗菌、帮助睡眠等效果。其气味可使人心神镇定
何首乌粉 （Polygonum Multiflorum Powder）	滋养发根，可使头发乌黑亮丽、促进毛发生长，常运用在洗发皂或头发护理等
抹草粉 （Desmodium Caudatum Powder）	质地温和，适合问题肌。自古传闻抹草有驱邪避凶的作用，因此常与艾草粉搭配制作平安皂或抗菌皂等
明日叶粉 （Ashitaba Powder）	含多种成分，能够改善老化的肌肤，净化血液。用于入皂，可预防老化、缓解皮肤炎等
青黛粉 （Qingdai Powder）	极细的粉末，呈灰蓝色或深蓝色，有些草腥味。其性寒清热、凉血解毒，用于入皂，可抗菌，对干癣、湿疹和蚊虫咬伤等也有修复效果
紫草根粉 （Lithospermum Root Powder）	具有消炎、杀菌抗霉、收敛等功效，可以镇定问题肌，控制肌肤油水平衡，减少表面油光

花草粉

红甜菜根粉 （Beet Root Powder）	含有各种维生素、矿物质、活性酵素、植物营养素及特殊的甜菜碱成分，对苍白、暗沉肌肤具有极佳滋润效果
红曲粉 （Red Yeast Rice Powder）	常作为抗氧化与抗发炎的多功效保健品。由于颜色亮丽，非常受皂友欢迎

续表

茜草根粉 （Rubia Cordifolia Root Powder）	一种天然的染色剂，可以调出由深紫红色至浅粉色的色系。此外，还具有抗炎作用，对湿疹和瘙痒等皮肤问题都有很不错的效果
无患子果实粉 （Sapindus Powder）	本身含有天然皂素，能产生泡沫且迅速地发酵分解，还可以抑制油脂分泌，渗入毛细孔将粉刺乳化成液体，不再阻塞毛孔。用来洗头发，兼具清洁与润丝的功效
紫花苜蓿粉 （Medicago Sativa Powder）	富含维生素和矿物质，用途广泛，除了入皂外，还可以添加在入浴剂中，或调成面膜、去角质用的磨砂膏
紫锥花粉 （Echinacea Powder）	具镇静消炎、收敛毛细孔、深层清洁脏污以及平衡油脂分泌等功效
荨麻叶粉 （Urtic Leaf Powder）	具收敛、平衡油脂分泌并提供适当修护的作用，对干裂或敏感肌肤都有改善效果。此外，还可帮助促进血液循环，消除疲劳
姜黄粉 （Turmeric Powder）	姜黄本身含有姜黄素，有助于代谢排汗。有抗氧化功能，能推迟老化，抵抗紫外线产生的自由基，达到皮肤抗老的效果，同时也能助消炎、促进伤口愈合

PART3

開始打皂吧！
手工皂
基本製作流程

对制皂原理、配方计算、油品和水量有
了基本认识后，在操作上就不会感到那么紧
张害怕，甚至不至于有危险。只要在这个过
程中，充分理解各项材料的特性，就会和它
们相处愉快。

接着，我们就开始动手做吧！

成功打皂不失败！11大步骤说明

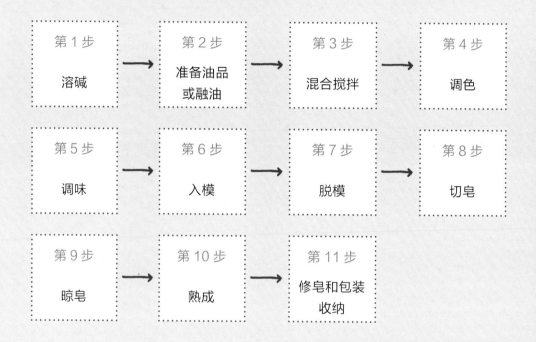

第1步 溶碱 → 第2步 准备油品或融油 → 第3步 混合搅拌 → 第4步 调色

第5步 调味 → 第6步 入模 → 第7步 脱模 → 第8步 切皂

第9步 晾皂 → 第10步 熟成 → 第11步 修皂和包装收纳

温馨小贴士

· 想好要制作的香皂配方，计算好后可以贴在墙或黑板上，方便随时查看。

· 检查油品及添加物是否足够，若发现配方中材料不够，可以立刻更改配方，重新计算，避免制作过程中才发现，把整锅皂毁了，耗时又耗力。

· 准备好制皂的工具和材料。至于模具，主要根据自己要制作的皂款而定，是要做素皂、渲染皂、分层皂、渐层皂还是其他花样的皂，而模具选择有硅胶模、亚克力模、有图案的单模等，都会影响成品美观，因此一定要先想好，才不会手忙脚乱。

· 请戴上护目镜、口罩、手套，并穿好围裙，在制作手工香皂的过程中确保安全。而小朋友、长辈和宠物也要带离工作场所，避免不必要的危险。

第 1 步　／　溶碱

① 将需要的氢氧化钠（NaOH）用电子秤称好。

② 将需要的纯净水用电子秤称好。

③ 请到空气流通的地方，将氢氧化钠（NaOH）缓缓倒入纯净水中，这时会有烟雾产生，此为正常现象，不必过度紧张，可用长柄勺搅拌至氢氧化钠（NaOH）完全溶解为止。

④ 氢氧化钠（NaOH）和水结合后，温度会立刻飙升到90~100℃，此时可用温度计测量当前的温度。

※ 氢氧化钠（NaOH）与水调和后的液体，称为碱水。水也可用等量冰块代替，可使其与氢氧化钠混合后的温度不会升到这么高。

⑤ 调和好的碱水，颜色会从白色慢慢变成透明。

⑥ 待碱水成透明状后，会开始慢慢降温。

⑦ 待碱水温度降到30℃即可。

第 2 步　／　准备油品或融油

将想使用的油品一一放入锅中。

（冷制法的油品无须加热，热制法的油品才需要加热。）

小贴士　+ 夏天时，如果要放脂类，请先将脂类加热使其化开，等温度降下来再开始制作，然后放入软油。要加热到多少度呢？请熟悉所有脂类与硬油的熔点，每种脂类与硬油的熔点都不一样，要看当时加入的脂类。

　　　　+ 冬天时，因椰子油、棕榈油都已硬化，须先将这两种油品隔水加热使其化开，才可将油品顺利倒出来。如果要放脂类，请先将脂类与椰子油、棕榈油加热使其化开，等温度降下来后再开始制作，然后放入软油。

第3步 ╱ 混合搅拌

① 碱水的温度降下来后，请直接倒入锅中与油品混合。

② 使用搅拌器开始搅拌，依自己习惯的方向，顺时针或逆时针方向都可以。

③ 搅拌10分钟后就可停止5分钟，让手可以充分休息，同时锅中的皂液也会在此期间慢慢自行皂化。

温馨小贴士

· 搅拌过程中，若无法确定浓稠度，可以适时调整速度，最好稍微暂停搅拌皂液，观察皂液的状态。如果皂液太稀，还可以继续搅拌；如果皂液太稠，就要停止搅拌，先入模为主。

小贴士 ✚ ① 稀度浓稠：此阶段要注意看油水是否已完全融合、皂液中看不见油渍。此阶段适宜做渲染，皂液的质地有点像奶昔。

② 中度浓稠：皂液会从奶昔状态慢慢变成像蛋糕面糊的质地，此阶段可以在皂液表面写下所谓的"8"字。

③ 重度浓稠：皂液会呈现浓稠布丁的质地，用刮刀划过或倒出时形状会保持不变。此阶段很适合做分层或渐层。

第 4 步 ／ 调色

　　皂液的调色，充满了冒险与惊艳。有很多粉类、色液、植物油和精油都可以调色。以下介绍不同种类的调色方式：

①　**粉　类：**前面单元介绍过许多粉类，粉类是目前取得最方便也最快速的。在调色上也比较容易控制用量，在同款颜色的粉类中，用量不同，调出的颜色也会有所不同。

②　**色　液：**可使用生鲜蔬果的汁液或中药材的药水调色，也可使用耐碱性的水性色液调色。

③　**植物油：**只要是未精制的植物油，都会有颜色，比如未精制的酪梨油呈橄榄绿色，大麻籽油呈绿色，圣约翰草油呈红色，红棕榈油呈橘黄色，卡兰贾油呈鹅黄色等，这些油品在配方中占比高时，都可以调出美丽又天然的颜色。

④　**精　油：**有些精油的颜色比较深，也可以调出颜色，比如甜橙精油呈淡黄色，山鸡椒精油呈土黄色，广藿香精油呈咖啡色等。精油的用量要很多才能达到调色效果，但是由于其成本高，所以很少有人用精油调色。

第 5 步 ／ 调味

调好色后，就可以开始选择精油或香精来调气味。首先，解释一下精油与香精的不同，精油是从植物中萃取出来的，味道好闻与否是其次，重点在于功效；而香精的气味是人工合成模拟出来的，它不具有任何功效，以香味为主。附带一提，因科学进步，好香精的价格也已逼近精油的价格，所以千万不要小看香精。

以下介绍几款常用的精油：

名称	功效
茶树精油	可消炎、抗菌、除臭、镇静、通经、抗沮丧、利神经和增进细胞活动，使头脑清楚、恢复活力
薄荷精油	可抑制发烧和黏膜发炎，有益于缓解呼吸道问题，可安抚神经痛、缓解肌肉酸痛、麻醉、退乳、消炎、抗菌、利脑、兴奋、退烧和收缩血管。对疲惫的心灵和沮丧的情绪，功效绝佳
洋甘菊精油	可缓和肌肉疼痛、神经痛，规律经期减轻经痛，改善更年期恼人症状，使胃部舒服，可纾解焦虑紧张的情绪、让内心平静，对失眠很有帮助
尤加利精油	对流行性感冒、喉咙发炎、咳嗽很有益，可消除体臭，改善偏头痛，使头脑清楚，集中注意力
迷迭香精油	改善头痛、偏头痛、晕眩，是强化心脏的刺激剂。还可增强消化功能，活化脑细胞，改善紧张情绪和嗜睡，让人活力充沛
柠檬精油	使血液顺畅，减轻静脉曲张，减轻喉咙痛、咳嗽、流行性感冒，发烧时能使体温下降，可带来清新的感受，帮助思绪
罗勒精油	对头痛和偏头痛很有帮助，常用于气喘、支气管炎、流行性感冒，缓解肌肉疼痛，促进血液流通，可使感觉敏锐精神集中，振奋沮丧的情绪
雪松精油	可松弛神经、舒缓焦虑，有助于沉思、冥想。具有杀菌、消炎、修复深层肌肤等功能，是绝佳的护发剂，可预防脱发、头皮屑；也具收敛性，可以改善油性肤质、面疱和粉刺
山鸡椒精油	赋予老化皮肤新生命，抚平皱纹的功效卓著，是真正的护肤圣品，其收敛的特性能平衡油性肤质，也具极佳的抗菌效果，能镇静舒缓，除了一般肌肤可以使用外，对扰人的干癣问题（如发痒、红色斑块、鳞屑等）都有很不错的改善效果

续表

名称	功效
肉桂精油	香味可以直接刺激嗅觉，加速血液循环，带来温暖。肉桂植物各个部位都可提取芳香油或桂油，树皮也就是我们常说的桂皮，是传统名贵中药材，也被用作调味品，有祛风健胃、活血祛瘀、散寒止痛的功效；树枝则能发汗祛风，通经脉
白千层精油	对长期慢性皮肤状况（如粉刺、干癣）有效，也是呼吸道绝佳的抗菌剂，有促进发汗的功能，能使发烧减到最轻微程度，泡澡时加一滴能促进发汗以排出毒素
依兰精油	以平衡荷尔蒙著名，对调理生殖系统极有价值，亦称子宫的补药。另外，还能平衡皮脂分泌，对油性或干性皮肤都有帮助，对头皮有刺激补强的效果，使头发更具光泽
安息香精油	改善皲裂、干燥肌肤的良方，能使皮肤恢复弹性。对疹子、皮肤发红、发痒与刺激等问题均有帮助
佛手柑精油	其抗菌的作用对油性皮肤的湿疹、干癣、粉刺及脂溢性皮肤炎效果良好，与尤加利精油合并使用，对皮肤溃疡疗效绝佳
姜精油	可除头皮屑，增强秀发生长速度，强化身体机能。在人绝望无助时，可激励心灵、安抚神经并增强记忆力
广藿香精油	香味为木味、青苔及带点甜味。可改善腹痛腹泻、利尿、去除头皮屑，对肌肤粗糙和松软、粉刺、多汗、湿疹等均有改善效果，还能消炎消脂和消睡意
香茅精油	与橙花精油、佛手柑精油调和后可软化皮肤。最有用的特性是驱虫抗菌，可在家中以熏香方式驱离病菌，还可有效减轻头痛
甜橙精油	可消脂、排毒素，同时能改善干燥皮肤、皱纹及湿疹，是一种相当优异的护肤油。对感冒、支气管炎和发烧均有改善作用
丝柏精油	可控制水分的过度流失，对成熟肌肤颇有帮助，对多汗与油性皮肤亦有益
葡萄柚精油	可刺激淋巴腺系统的循环，可滋养组织细胞，对肥胖和水分滞留能发挥效果。亦是开胃剂，还能化除胆结石，能舒缓头疼、疲乏等时差症状
薰衣草精油	素有"芳香药草之后"的美誉，具有安宁镇静、洁净身心、止痛消炎、促进细胞再生、平衡油脂分泌的效果。另外，也可抗菌防虫，适用于清洁保健和预防方面

第 6 步 ／ 入模

　　制作皂液的同时，可先将模具放置一旁备用。当皂液变成浓稠状态就可以入模，倒入到最后时可用刮刀将锅边缘的皂液都刮下来，不要浪费。入模后，可以用大毛巾包裹住再放入保温袋里保温，让皂体持续地进行皂化。

第7步 ／ 脱模

完成皂化后，基本上隔天就可以脱模了，但有些皂的配方里软油比例太高，制作出来的香皂就会偏软，这时不要心急，可以等二三天后再进行脱模，就会比较漂亮啦！

第8步 ／ 切皂

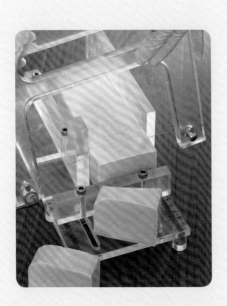

脱模后的手工皂，因为仍属于强碱状态，所以在切皂时需要戴着手套。切皂的工具可以选择钢丝线刀或一般菜刀（勿再用于食材），钢丝线刀一般会配上一整套完整的切皂工具，可依个人喜好的尺寸量好，用钢丝线刀切下去即可。另外，使用一般菜刀作为工具时，如果技术不是很好，切起来歪歪斜斜的，就需加强练习了。

第9步 ／ 晾皂

切完皂后，请准备一个置物盒或塑料篮筐，将切好的"皂宝宝们"一一放入晾置。

第10步 ／ 熟成

在晾皂阶段，记得去关心一下"皂宝宝们"，适时帮它们翻身，也可以趁此机会看看"皂宝宝们"会发生什么变化。在自然干燥的环境下，碱度就会渐渐下降，一个月后可以用试纸测试pH值。这一个月等待晾皂的时间，我们称为"熟成期"，pH值降至8到9之间就可以使用。

第11步 ／ 修皂和包装收纳

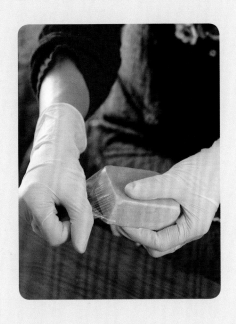

　　手工皂熟成后，因为经过了一个月的晾皂时间，表面难免会有灰尘，所以在包装之前务必将"皂宝宝们"一个个擦干净。

　　请准备一条干净的干毛巾（最好不会掉毛屑），将手工皂的边和角用毛巾擦拭后，锐利的边角都会变得圆滑，这样包皂时袋子就不容易破了，送到别人手上使用时也不会被锐利的边角洗得不舒服。这一步称为修皂。

　　包皂是件费时又费工的活，如果量不多的话，可选择保鲜膜用双手一个个将手工皂包起来。你也可以选择用真空机来包皂，手工皂在真空状态下可以保存得比较好。也有人选择用收缩膜来包皂，也是不错的方式。不管用哪种包装方式，只要是干燥的环境，就是适合"皂宝宝"的！

PART4

草本植物
手工皂

生活中，不少人的家中都会种些花草植物，其实很多花草都有丰富的应用，除了可以制成中草药之外，还可以入菜，更能够入皂，做出迷人的皂款。

薰衣迷迭养发舒缓皂

Herbal Soap

薰衣草、迷迭香的精华是对抗头皮瘙痒、强健发根、活化头皮的好帮手，再配上薄荷精油，让洗完后的头皮有清爽的感觉！

配方 *Material*

💧油脂

椰子油　125克
棕榈油　125克
苦茶油　175克
米糠油　75克

───────────

总油重　500克

🧪碱液

氢氧化钠　75克
纯净水　188克

🔬添加物

薰衣草粉末　10克
迷迭香粉末　10克
SF：摩洛哥坚果油　30克

🖊精油

薰衣草精油　10毫升
迷迭香精油　5毫升
薄荷精油　10毫升

制皂步骤 *Step*

01　将称量好的氢氧化钠和水进行溶碱：把氢氧化钠加入水中，轻轻搅拌至氢氧化钠完全溶解。溶好的碱水静置5～10分钟，待变成透明状后，再将进其降温至30℃。

02　将油品依序倒入锅中。

03　当碱水降温到30℃时，将其缓慢地倒入锅中，与油品混合。

04　搅拌到稀度浓稠时，将摩洛哥坚果油倒入，搅拌均匀。再加入薰衣草粉末和迷迭香粉末，拌匀。

05　搅拌到中度浓稠状态，可依序滴入精油，搅拌均匀。

06　入模，放入保温袋保温。

小课堂

- ▪ SF是超脂（Super fatting）的意思，不用去计算它的皂化价。因为超脂是在总油重以外多加入的油脂，能使这款香皂比一般香皂更加滋润。

荨麻蒲公英保湿皂

这里特别介绍一下薰衣草茶树精油，这款精油是直接从澳大利亚带回来的，茶树中带点薰衣草的香味变化，且香味比茶树更加柔和，推荐给不喜爱薰衣草香气的人。此外，还有不少的保湿成分。

配方 *Material*

💧油脂

椰子油　175克
棕榈油　175克
橄榄油　95克
冷压杏核桃仁油　55克

总油重　500克

🧴碱液

氢氧化钠　78克
纯净水　195克

💧添加物

荨麻叶＋蒲公英粉末　10克
备长炭粉　适量（可不加）

🖊精油

薰衣草茶树精油　10毫升
丝柏精油　5毫升

制皂步骤 *Step*

01　将称量好的氢氧化钠和水进行溶碱：把氢氧化钠加入水中，轻轻搅拌至氢氧化钠完全溶解。溶好的碱水请静置5～10分钟，待变成透明状后，再将其降温至30℃。

02　先将油品依序倒入锅中。

03　当碱水降温到30℃时，将其缓慢地倒入锅中，与油品混合。

04　搅拌到稀度浓稠时，取出350克皂液，加入荨麻叶粉末、蒲公英粉末拌匀。

05　搅拌到中度浓稠时，可依序滴入精油搅拌均匀。

接下页——▶

06 原色皂液搅拌至稀度浓稠时，将其放入量杯中，沿着模具的边角倒入一些。

07 将做法4调好的皂液倒入一些在原色皂液里拌匀。将皂液沿着模具的边角倒入一些。

 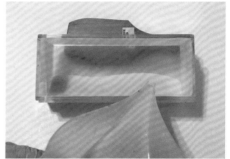

08 向做法7的皂液中再倒入一些做法4的皂液，拌匀，让颜色比之前的深即可。皂液搅拌均匀后，沿着模具的边角倒入一些。

09 重复上述步骤，营造渐层感。

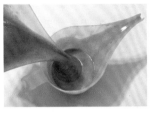  

小贴士 ➕ 若想要做出更明显的分层效果，在往原色皂液中加入色粉时，可适当地加些备长炭粉。

10 入模完毕，放入保温袋保温。

小课堂

·· 荨麻叶和蒲公英的粉末属于天然的粉末，所以当香皂完成时，尽量在颜色尚未褪去前先拍照，留下颜色最饱满的画面。

桔梗茉莉润肤皂

桔梗、茉莉磨成粉末后入皂，不会有颜色上的差异与变化。
因此，我特别加入了梦幻紫色的矿物粉，做出由浅到深的渐
层效果。

配方 *Material*

◟油脂

椰子油　55克
桔梗浸泡橄榄油　85克
未精制乳木果油　360克

────────────────

总油重　500克

▢碱液

氢氧化钠　68克
纯净水　170克

◟添加物

茉莉花粉末　10克
紫色矿物粉　5克
SF: 月见草油　15克

✎精油

依兰精油　5毫升
雪松精油　10毫升

制皂步骤 *Step*

01　将称量好的氢氧化钠和水进行溶碱：把氢氧化钠加入水中，轻轻搅拌至氢氧化钠
　　完全溶解。溶好的碱水请静置5～10分钟，待变成透明状后，再将其降温至30℃。

02　先将椰子油、未精制乳木果油倒入锅中，隔水加热至50℃，待未精制乳木果油
　　全部化开后，再加入桔梗浸泡橄榄油，让油品降温到30℃。

03　当碱水降温到30℃时，将其缓慢地倒入锅中，与油品混合。

04　搅拌到稀度浓稠时，加入月见草油，搅拌均匀。

05　再加入茉莉花粉末，搅拌均匀，取出两杯各200克的皂液。

06　第一杯皂液中加入3克紫色矿物粉，第二杯皂液中加入2克紫色矿物粉。

07　分别搅拌到中度浓稠时，可依序将精油放入第一杯及第二杯紫色皂液中。

08　先将锅中的原色皂液倒入模具中。接下页──▶

09 再倒入较淡的紫色皂液作为第二层。

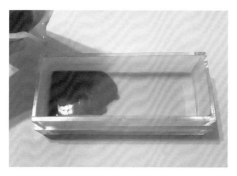 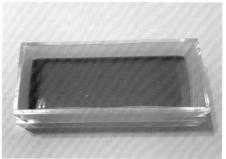

10 最后倒入深紫色的皂液，请用刮刀辅助倒入。

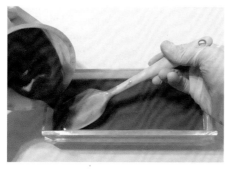 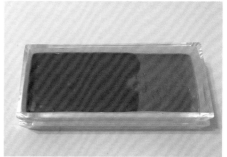

11 入模完毕，放入保温袋保温。

Herbal Soap

百合金盏洁肤皂

这款皂特别加入古芸香胶精油，可以改善过敏肤质，在抗炎、抗菌方面有很大的帮助。添加金盏花入皂，能使皂的颜色充满美丽天然的金黄色。

配方 *Material*

💧油脂

椰子油　110克
棕榈油　190克
橄榄油　150克
马油　50克

·······················

总油重　500克

⚗️碱液

氢氧化钠　75克
百合原汁冰块　188克

🧂添加物

干燥金盏花　适量

🖊️精油

古芸香胶精油　5毫升
天竺葵精油　5毫升

制皂步骤 *Step*

01　准备一口大锅，用来在下一步中进行溶碱降温。

02　将称量好的氢氧化钠和百合原汁冰块进行溶碱：先将百合冰块放入大锅中，再将氢氧化钠分三四次加入冰块中，轻轻搅拌至氢氧化钠及冰块完全溶解。将碱水降温至30℃备用。

03　将油品依序倒入另一口锅中。

04　当碱水降温到30℃时，将其缓慢地倒入锅中，与油品混合。

05　搅拌到稀度浓稠时，加入干燥金盏花，搅拌均匀。

06　搅拌到中度浓稠时，可依序滴入精油。

07　入模，放入保温袋保温。

Herbal Soap

洋甘菊桂花嫩白皂

这款皂可练习用粉末筛出一条细细的线,将第一层与第二层用线区分出来,就像中间夹着薄薄一层奶油的夹心饼干。而洋甘菊、桂花的功效跟马油不相上下,不论是保湿还是对抗过敏肌肤,都有不错的效果。

配方 *Material*

◑油脂

椰子油　90克

棕榈油　85克

桂花浸泡橄榄油　200克

榛果油　125克

总油重　500克

⬒碱液

氢氧化钠　73克

纯净水　183克

⸪添加物

洋甘菊粉末　10克

蓝色矿物粉　5克

✎精油

檀香精油　5毫升

葡萄柚精油　10毫升

制皂步骤 *Step*

01　将称量好的氢氧化钠和水进行溶碱：把氢氧化钠加入水中，轻轻搅拌至氢氧化钠完全溶解。溶好的碱水请静置5~10分钟，待变成透明状后，再将其降温至30℃。

02　将油品依序倒入锅中。

03　碱水降温到30℃时，将其缓慢地倒入锅中，与油品混合。

04　搅拌到稀度浓稠时，取出一半皂液，加入洋甘菊粉末，搅拌均匀，并搅拌到中度浓稠。

05　原色皂液搅拌到中度浓稠时，可依序滴入精油。

06　倾斜模具，将做法4的洋甘菊皂液倒入模具中。

07　用筛网将蓝色矿物粉轻轻地撒在皂液表面。

08　再将原色皂液倒入模具，用刮刀辅助倒入以缓冲皂液流速。

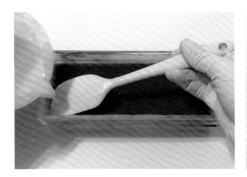 

09　入模完毕，放入保温袋保温。

小课堂

▪▪ 粉类过筛时，请轻轻地拍打，让粉
类在皂液表面形成薄薄的一层就可
以了。千万不要撒太多、太厚，除
了避免皂体表面有过多粉类，也可
防止切皂时粉类掉出影响皂的美观。

Herbal
Soap

玫瑰薄荷娇嫩皂

这款皂利用以"能使肌肤柔软细嫩"闻名的羊毛脂，油煎玫瑰、薄荷后入皂，不仅能减少角质层水分及油分的流失，还能使肌肤由内而外更加水润有弹性。

配方 *Material*

油脂

椰子油　135克
棕榈油　240克
羊毛脂（油煎）50克
开心果油　75克

总油重　500克

碱液

氢氧化钠　73克
纯净水　183克

添加物

红色矿物粉　5克
绿色矿物粉　5克

精油

柠檬精油　10毫升
薄荷精油　10毫升
雪松精油　5毫升

制皂步骤 *Step*

01　将称量好的氢氧化钠和水进行溶碱：把氢氧化钠加入水中，轻轻搅拌至氢氧化钠完全溶解。溶好的碱水请静置5～10分钟，待变成透明状后，再将其降温到30℃。

02　先将椰子油、棕榈油、羊毛脂（油煎）倒入锅中，加热到50℃，待羊毛脂全部化开后，加入开心果油，使油品降温到30℃。

03　当碱水降温到30℃时，将其缓慢地倒入锅中，与油品混合。

04　搅拌到稀度浓稠时，取出300克皂液，分成两杯（各150克）。一杯加入红色矿物粉，另一杯加入绿色矿物粉，分别搅拌均匀。

接下页 ——➤

小 课 堂

‥▸ 准备一个小陶锅，放入干燥玫瑰与薄荷，开小火，用羊毛脂慢慢煎至玫瑰、薄荷呈酥脆的状态即可关火，再闷30分钟，冷却过滤后即为配方中的羊毛脂（油煎）。

05 原色皂液搅拌到中度浓稠时，可依序滴入精油，搅拌均匀。

06 将锅中的原色皂液倒入量杯中，把绿色、红色皂液如图示倒入原色皂液中（不必一次性全部倒入）。

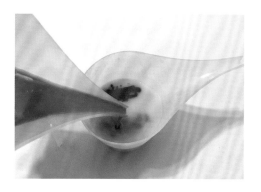

07 接着将量杯中的皂液顺着模具的边角不停地晃动倒入，若量杯中的绿色及红色皂液没有了，就再继续加入，持续重复以上操作。

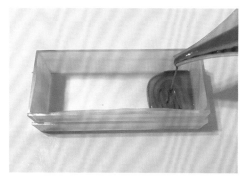

08 入模完毕，放入保温袋保温。

Herbal Soap

鼠尾香蜂清爽皂

鼠尾草可消除体内油脂，帮助循环；而香蜂草富含咖啡酸、迷迭香酸及阿魏酸，能够有效抗衰老。这两种植物加起来的美容效果是女孩的最爱，再搭配具有保湿、滋养效果的酪梨油，适量使用可以淡化细纹、镇静肌肤以及改善过敏现象。做出来的皂不会过度油腻，反而带点清爽却不干燥的感觉。

配方 Material

💧油脂

椰子油　75克
棕榈油　175克
未精制酪梨油　125克
苦楝油　125克

总油重　500克

🧪碱液

氢氧化钠　73克
纯净水　183克

⚗️添加物

鼠尾草 + 香蜂草粉末　10克

🖌️精油

绿花白千层精油　10毫升
广藿香精油　10毫升
红橘精油　5毫升

制皂步骤 Step

01　将称量好的氢氧化钠和水进行溶碱：把氢氧化钠加入水中，轻轻搅拌至氢氧化钠完全溶解。溶好的碱水请静置5～10分钟，待变成透明状后，再将其降温到30℃。

02　先将椰子油、棕榈油倒入锅中。

03　当碱水降温到30℃时，将其缓慢地倒入锅中，与油品混合。

04　搅拌到稀度浓稠时，再加入未精制酪梨油和苦楝油，搅拌均匀。

05　再加入粉末搅拌。

06　搅拌到中度浓稠状态，可依序滴入精油。

07　入模，放入保温袋保温。

PART5

天然生鲜
蔬果手工皂

　　制作蔬果手工香皂吧！不论是橘子、草莓还是苹果，都能入皂，呈现手工皂缤纷的颜色，但有些蔬果就不太适合用来入皂，比如葡萄、桑葚，大家可能会觉得这些水果颜色很漂亮而想用来入皂，却没有想到香皂是碱性的，碰到那些美丽的紫红色就会变成绿色或咖啡色。

　　每种蔬果所呈现出来的色彩都会让人意想不到，开始动手做吧！

Fruit &
Vegetable
Soap

椰子苦瓜呵护皂

椰子水有天然的糖分，能使肌肤柔软顺滑；而苦瓜有很好的
滋润作用。椰子搭配苦瓜，清凉又滋养，让这款香皂天天呵
护你的肌肤。若想要突显苦瓜的颜色，可以选择山苦瓜哦！

配方 *Material*

🌢油 脂

椰子油　125克
棕榈油　125克
橄榄油　250克

总油重　500克

⬛碱 液

氢氧化钠　75克
纯净水　150克

✨添 加 物

椰子水　50克
苦瓜　50克

✏精 油

薰衣草精油　10毫升
迷迭香精油　5毫升
欧薄荷精油　10毫升

制皂步骤 *Step*

01　将称量好的氢氧化钠和水进行溶碱：把氢氧化钠加入水中，轻轻搅拌至氢氧化钠完全溶解。溶好的碱水请静置5~10分钟，待变成透明状后，再将其降温到30℃。

02　将油品依序倒入锅中。

03　当碱水降温到30℃时，缓慢地倒入锅中，与油品混合。

04　搅拌到稀度浓稠的状态，停止搅拌。

05　将椰子水与苦瓜用果汁机打成汁。

06　将打好的椰子水与苦瓜汁，不用过滤，慢慢地倒入锅中。

07　搅拌到中度浓稠，依序滴入精油，搅拌均匀。

08　入模，放入保温袋保温。

小 课 堂

‣ 椰子水与苦瓜用果汁机打成汁后，入皂液时会加速皂化，因此操作时的动作与速度要更谨慎。

‣ 天然蔬果入皂的颜色通常不会持续很久，约半年后都会褪色。

Fruit &
Vegetable
Soap

菠萝嫩姜保暖渲染皂

菠萝的酵素很多，可以防止肌肤干裂、滋润并让头发光亮；
姜在这几年十分盛行，尤其嫩姜可以调节皮肤毛孔，有毛孔
粗大困扰的朋友们不妨入皂一试。

配方 *Material*

🌢油脂

椰子油　105克
白油　245克
姜浸泡橄榄油　100克
精制酪梨油　50克

··

总油重　500克

🏭碱液

氢氧化钠　73克
菠萝汁冰块　168克

⣿添加物

姜黄粉　10克

✒精油

山鸡椒精油　10毫升
姜精油　5毫升

制皂步骤 *Step*

01 准备一口大锅，用来在下一步中进行溶碱降温。

02 将称量好的氢氧化钠和菠萝汁冰块进行溶碱：将菠萝汁冰块放入大锅中，再将氢氧化钠分三四次加入冰块中，轻轻搅拌至氢氧化钠及冰块完全溶解。让碱水降温到30℃备用。

03 先将椰子油、白油加热到70℃，待白油全部化开后，再加入姜浸泡橄榄油，让油品降温到30℃。

04 当油降温到30℃时，与碱水一起混合搅拌。

05 搅拌到稀度浓稠时，加入精制酪梨油继续搅拌。

06 先取150克皂液倒入量杯，加入姜黄粉调色。

07 将精油依序滴入锅中及量杯中。

08 准备硅胶模具备用。

接下页➝

09　先将锅中未调色的皂液倒入模具中。

10　接着将已调颜色的皂液在模具的中间倒成一条，来回重复倒完。

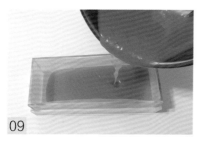

11　用玻璃棒从左下方开始上下划动。

12　再画一个S形，漂亮的羽毛渲染就出来。

13　放入保温袋保温。

小 课 堂

‥ 配方中有酪梨油，若与其他油品一起加入很容易加速皂化，所以建议在后面的步骤再加入，可以避免皂化速度太快而来不及进行下一步。

‥ 山鸡椒精油的颜色为黄色，皂成形后的颜色会比一般香皂更深。

Fruit &
Vegetable
Soap

小黄瓜水梨美肤皂

大家应该都知道黄瓜对于肌肤的好处，这款皂还加入了"秘鲁香脂精油"，温暖芳香的气味中有点甜。洗澡可以闻到淡淡的精油味道，让整个人都放松了，很适合女孩们。

配方 *Material*

💧油脂

椰子油　50克
未精制乳木果油　125克
橄榄油　325克

总油重　500克

🧴碱液

氢氧化钠　69克
小黄瓜与水梨冰块　159克

🖌精油

佛手柑精油　10毫升
秘鲁香脂精油　5毫升

制皂步骤 *Step*

01　准备一口大锅，用来在下一步中进行溶碱降温。

02　将称量好的氢氧化钠和小黄瓜与水梨冰块进行溶碱：先将小黄瓜与水梨冰块放入大锅中，再把将氢氧化钠分三四次加入冰块中，轻轻搅拌至氢氧化钠及冰块完全溶解。让碱水降温到30℃备用。

03　将椰子油、未精制乳木果油加热到50℃，待未精制乳木果油全部化开后，再加入橄榄油，让油品降温到30℃。

04　当碱水降温到30℃时，将其缓慢地倒入锅中，与油品混合。

05　搅拌到中度浓稠时，可依序滴入精油，搅拌均匀。

06　入模，放入保温袋保温。

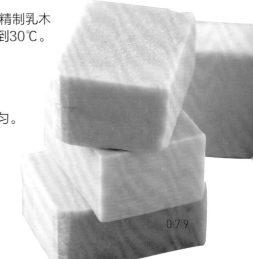

Fruit & Vegetable Soap

酪梨秋葵防护皂

在添加物中加入牛奶，让酪梨、秋葵可以充分混合在一起，联合对抗令人困扰的混合性肌肤。配方中的广藿香精油有止痒的效果，而甜橙精油对滋润肌肤也有一定效果。

配方 *Material*

💧油脂

椰子油　135克
棕榈油　165克
橄榄油　90克
米糠油　110克

....

总油重　500克

🧪碱液

氢氧化钠　75克
纯净水　150克

🧫添加物

酪梨　50克
秋葵　50克
全脂鲜奶　50克
黑色矿物粉　5克

🔪精油

甜橙精油　10毫升
广藿香精油　5毫升
茉莉精油　5毫升

制皂步骤 *Step*

01 将称量好的氢氧化钠和水进行溶碱：把氢氧化钠加入水中，轻轻搅拌至氢氧化钠完全溶解。溶好的碱水静置5～10分钟，待变成透明状后，再将其降温到30℃。

02 将椰子油、棕榈油和橄榄油依序倒入锅中。

03 当碱水降温到30℃时，将其缓慢地倒入锅中，与油品混合。

04 搅拌到稀度浓稠时，加入米糠油搅拌。

05 准备添加物：将酪梨、秋葵和全脂鲜奶一起放入果汁机打成汁，不用过滤去渣，慢慢倒入步骤4的皂液中。

06 取400克皂液倒入量杯，加入黑色矿物粉。

07 搅拌到中度浓稠时，先往原色皂液中加入10毫升甜橙精油，搅拌均匀，然后慢慢倒入模具。

08 第一层原色皂液不再摇晃后，往步骤6的黑色皂液中加入广藿香精油及茉莉精油，倒入模具时，请用刮刀辅助缓冲皂液流速，以免冲破第一层。

09 入模完毕，放入保温袋保温。

柠檬芹菜体香皂

加入了黄金荷荷巴油，再搭配柠檬，极具润丝之效，洗发、洗澡、洗脸都可使用。此外，芹菜籽精油除对肌肤有很好的嫩白效果外，也可以改善肌肤水肿、发红的现象。

配方 *Material*

💧油脂

椰子油　90克

棕榈油　95克

未精制乳木果油　125克

橄榄油　190克

总油重　500克

🧪碱液

氢氧化钠　79克

柠檬汁＋芹菜汁冰块　158克

✨添加物

柠檬皮屑　适量

SF：黄金荷荷巴油　15克

🖌精油

芹菜籽精油　5毫升

黑胡椒精油　5毫升

制皂步骤 *Step*

01　准备一口大锅，用来在下一步中进行溶碱降温。

02　将称量好的氢氧化钠、柠檬汁和芹菜汁冰块进行溶碱：先将柠檬汁和芹菜汁冰块放入大锅中，再将氢氧化钠分三四次加入冰块中，轻轻搅至氢氧化钠及冰块完全溶解。碱水降温到30℃备用。

03　先将椰子油、棕榈油及未精制乳木果油加热到50℃，待未精制乳木果油全部化开后，再加入橄榄油，让油品降温到30℃。

04　当碱水降温到30℃时，将其缓慢地倒入锅中，与油品混合。

05　搅拌到稀度浓稠时，可以加入15克黄金荷荷巴油。

06　搅拌到中度浓稠时，就可以加入柠檬皮屑（柠檬皮屑越细越好）。依序滴入精油，搅拌均匀。

07　入模，放入保温袋保温。

小课堂

· · 柠檬皮削片后再剁碎，将其加入皂液中，成皂后会呈现一点一点的橘黄色，不仅可爱且带着柠檬的香味。

香蕉牛奶助眠皂

牛奶本身有帮助身体放松的效果，有人在忙碌一整天回到家后会泡牛奶浴放松，或晚上睡不着时喝杯牛奶助眠。此款皂还加入了雪松精油，可以让人完全放松、沉沉入眠。经常失眠的人，可以在睡前泡澡，再加上香皂的疗愈，有助于入眠。

配方 *Material*

💧油脂

椰子油　190克
棕榈油　205克
芝麻油　105克

· · · · · · · · · · · · · · · · · · · ·

总油重　500克

🧊碱液

氢氧化钠　79克

香蕉＋蜂蜜＋牛奶冰块
198克

🔪精油

雪松精油　10毫升

香茅精油　5毫升

✍添加物

绿色矿物粉　5克
备长炭粉　5克

制皂步骤 *Step*

01　准备一口大锅，用来在下一步进行溶碱降温。

02　将称量好的氢氧化钠和香蕉、蜂蜜、牛奶冰块进行溶碱：先将香蕉、蜂蜜、牛奶冰块放入大锅中，再将氢氧化钠分三四次加入冰块中，轻轻搅拌至氢氧化钠及冰块完全溶解。碱水降温到30℃备用。

03　将油品依序倒入锅中。

04　当碱水降温到30℃时，将其缓慢地倒入锅中，与油品混合。

05　搅拌到稀度浓稠时，先取出250克皂液，并分成150克和100克两份。

06　将150克皂液加入绿色矿物粉、100克皂液加入备长炭粉，分别搅拌均匀。

07　所有皂液都搅拌至中度浓稠时，可依序滴入精油拌匀。

08　先将锅中的原色皂液倒入模具中。

接下页 ⟶

09　靠近模具一侧，将绿色皂液在原色皂液上倒出一条。

10　靠近模具另一侧，再将黑色皂液在原色皂液上倒出一条。

11　用玻璃棒从左下方开始以画圈方式画好后，沿四周绕三四圈。

12　放入保温袋保温。

柚子芝麻紧致皂

有些人喜欢在洗澡时，肌肤有凉凉的感觉。此款皂添加了薄荷精油，在沐浴后仍有清凉感。利用黑芝麻、柚子和胡萝卜三种不同的元素，做出三层不同颜色的皂款，视觉效果更佳。

配方 *Material*

油脂

椰子油　50克

精制酪梨油　450克

· ·

总油重　500克

碱液

氢氧化钠　69克

纯净水　138克

精油

茶树精油　5毫升

薄荷精油　10毫升

添加物

黑芝麻粉　5克

柚子粉　10克

胡萝卜素粉　10克

制皂步骤 *Step*

01　将称量好的氢氧化钠和水进行溶碱：把氢氧化钠加入水中，轻轻搅拌至氢氧化钠完全溶解。溶好的碱水请静置5～10分钟，待变成透明状后，再将其降温到30℃。

02　将油品依序倒入锅中。

03　当碱水降温到30℃时，将其缓慢地倒入锅中，与油品混合。

04　搅拌到稀度浓稠时，取出470克皂液，分成两杯各235克。

05　将锅中的皂液加入黑芝麻粉搅拌均匀；一杯235克的皂液加入柚子粉搅拌均匀；另一杯235克的皂液加入胡萝卜素粉搅拌均匀。

06　两杯皂液皆搅拌到中度浓稠时，依序滴入精油，搅拌均匀。

07 先将黑芝麻粉皂液倒入模具，作为第一层。

08 接着慢慢倒入柚子粉皂液，作为第二层，倒入时请用刮刀辅助缓冲皂液流速。

09 继续用刮刀辅助缓冲，倒入胡萝卜素粉皂液作为第三层。

10 放入保温袋保温。

> **小 课 堂**
>
> ▸▸ 晒干的柚子皮用研磨机打成粉末状，就可以入皂。

纳豆黑米柔软皂

这是专门给宝宝使用的皂，加入了纳豆、黑米以及72%的乳木果油，再搭配洋甘菊精油，抗敏舒缓最适合不过了。

配方 *Material*

油脂

椰子油　50克
精制乳木果油　360克
未精制酪梨油　90克

———————————

总油重　500克

碱液

氢氧化钠　68克
纯净水　170克

添加物

纳豆原汁　50克
黑米粉末　10克

精油

洋甘菊精油　10毫升
乳香精油　5毫升

制皂步骤 *Step*

01　将称量好的氢氧化钠和水进行溶碱：把氢氧化钠加入水中，轻轻搅拌至氢氧化钠完全溶解。溶好的碱水请静置5~10分钟，待变成透明状后，再将其降温到30℃。

02　先将椰子油、精制乳木果油加热到50℃，待精制乳木果油全部化开后，让油品降温到30℃。

03　当碱水降温到30℃时，将其缓慢地倒入锅中，与油品混合。

04　搅拌到稀度浓稠时，再加入未精制酪梨油搅拌。

05　搅拌到中度浓稠时，先加入纳豆原汁搅拌，再加入黑米粉末拌匀。

06　搅拌到重度浓稠时，依序滴入精油拌匀。

07　入模，放入保温袋保温。

小课堂

- 纳豆原汁的制作方法：纳豆与纯净水的比例为1∶1，将纳豆与纯净水用果汁机打成汁。
- 宝宝满8个月后便可以使用手工香皂，这时宝宝肌肤状况比较稳定，才是最好的使用时机。

PART6

古法中药
手工皂

　　每种中药草都有不同的特性与功效，如滋补、祛瘀、补血等，都需要了解之后才能知道如何去煎煮或使用。其实，中药和精油的理念很像，一定都要对症使用，功效才会有所发挥。

Chinese
Medicinal
Soap

黄柏苍术祛湿舒缓皂

杜松精油可改善头皮的皮脂溢出，能净化油性皮肤、改善粉刺、毛孔阻塞、皮肤炎、湿疹和干癣。再搭配苍术的祛湿和黄柏的解毒功效，值得一试。

药材说明

苍术

燥湿健脾、祛风湿。《本草纲目》指出，苍术治湿痰留饮，或挟瘀血成窠囊，及脾湿下流，浊沥带下，滑泻肠风。

黄柏

清热燥湿、泻火解毒、退热除蒸。

配方 *Material*

◖油脂

椰子油　125克
棕榈油　125克
苍术 + 黄柏浸泡橄榄油
125克
精制酪梨油　125克

总油重　500克

⬛碱液

氢氧化钠　75克
纯净水　188克

⸭添加物

苍术粉末　10克
黄柏粉末　10克

◢精油

鼠尾草精油　5毫升
杜松精油　5毫升

制皂步骤 *Step*

01　将称量好的氢氧化钠和水进行溶碱：把氢氧化钠加入水中，轻轻搅拌至氢氧化钠完全溶解。溶好的碱水静置5~10分钟，待变成透明状后，再将其降温至30℃。

02　将椰子油、棕榈油和橄榄浸泡油依序倒入锅中。

03　当碱水降温到30℃时，将其缓慢地倒入锅中，与油品混合。

04　搅拌到稀度浓稠时，可加入精制酪梨油搅拌。

05　搅拌到中度浓稠时，可加入添加物，搅拌均匀。

06　搅拌到重度浓稠时，可依序滴入精油，搅拌均匀。

07　入模，放入保温袋保温。

Chinese
Medicinal
Soap

益母草大黄
滋润止痒皂

益母草有很显著的美白作用，与橙花精油搭配，肌肤透白、保湿、弹性效果更加倍。这款手工皂还添加了玫瑰天竺葵精油，对过敏性肌肤有止痒、抗菌和镇定的效果，其气味像玫瑰，由于玫瑰精油的价格昂贵，大部分的人都会选择玫瑰天竺葵精油作为替代。

药材说明

益母草

活血、祛瘀、调经、消肿。据《本草纲目》记载："益母草之根、茎、花、叶、实，并皆入药，可同用。若治手、足厥阴血分风热，明目益精，调妇人经脉。"此外，还含有硒、锰等多种微量元素，能养颜美容，抗衰防老。

大黄

泻下攻积、清热泻火、止血、解毒和活血祛瘀，是中医常用的通便泻火药物。

配方 *Material*

💧油脂

椰子油　125克
棕榈油　150克
精制可可脂　50克
橄榄油　175克

. . . .

总油重　500克

🧪碱液

氢氧化钠　75克
纯净水　188克

🌂添加物

益母草粉末　10克
大黄粉末　10克

✒精油

橙花精油　5毫升
玫瑰天竺葵精油　5毫升

制皂步骤 *Step*

01　将称量好的氢氧化钠和水进行溶碱：把氢氧化钠加入水中，轻轻搅拌至氢氧化钠完全溶解。溶好的碱水请静置5～10分钟，待变成透明状后，再将其降温至30℃。

02　将椰子油、棕榈油、精制可可脂倒入锅中，加热至50℃，待可可脂全部化开后，再加入橄榄油，让油品降温到30℃。

03　当碱水降温到30℃时，将其缓慢地倒入锅中，与油品混合。

04　搅拌到稀度浓稠时，可先将皂液平均分成两份，一份加入益母草粉末，搅拌均匀；另一份皂液加入大黄粉末，搅拌均匀。

05　搅拌到中度浓稠时，可依序滴入精油，搅拌均匀。　　　接下页——→

06 准备好模具，从模具右上角开始，先倒入一些益母草粉皂液，再倒入一些大黄粉皂液。

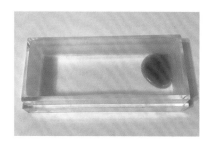 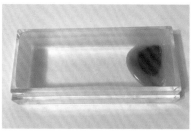

07 以这样的方式，轮流交替倒完。

08 入模完成后放入保温袋保温。

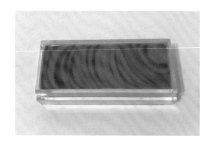

杜仲槟榔活跃清爽皂

卡兰贾油容易被真皮层吸收，使肌肤健康有光泽，因此常被使用在化妆品与保养品中，特别是脸部乳液，在皮肤护理方面，对受损与发炎的肌肤特别有帮助。

配方 *Material*

油脂

椰子油　125克
浸泡橄榄油（杜仲+使君子+槟榔）　275克
卡兰贾油　100克

总油重　500克

碱液

氢氧化钠　74克
纯净水　185克

精油

莱姆精油　10毫升
苦橙叶精油　5毫升
尤加利精油　10毫升

制皂步骤 *Step*

01　将称量好的氢氧化钠和水进行溶碱：把氢氧化钠加入水中，轻轻搅拌至氢氧化钠完全溶解。溶好的碱水请静置5～10分钟，待变成透明状后，再将其降温至30℃。

02　将椰子油、卡兰贾油和浸泡橄榄油依序倒入锅中。

03　当碱水降温到30℃时，将其缓慢地倒入锅中，与油品混合。

04　搅拌到中度浓稠时，依序滴入精油，搅拌均匀。

05　入模，放入保温箱保温。

药材说明

杜仲

据《本草纲目》记载，能润肝燥，补肝虚，坚筋骨。

槟榔

中医认为可以利尿消积，防治寄生虫和消化不良。

使君子

具杀虫解毒、理气健脾等功效，主治小儿疳积、儿积、脘腹胀满、疮疖溃疡等。

Chinese Medicinal Soap

生地丹皮乌发油亮皂

这款手工皂加入了生地与丹皮这两种药材，除了有助于长出一头乌黑亮丽的头发外，迷迭香精油有很强的收敛作用，也能改善头皮屑，刺激毛发生长。更特别的是，棕榈油油煎过生地及丹皮后，棕榈油的颜色会变得稍微深一点，做出来的香皂呈天然的咖啡色。

配方 *Material*

💧油脂

椰子油　140克
棕榈油（油煎共50克的生
地＋丹皮）　210克
芒果脂　150克

....

总油重　500克

🏺碱液

氢氧化钠　77克
纯净水　200克

✦添加物

二氧化钛　10克

🖌精油

愈创木精油　5毫升
罗勒精油　5毫升
迷迭香精油　10毫升

制皂步骤 *Step*

01　将称量好的氢氧化钠和水进行溶碱：把氢氧化钠加入水中，轻轻搅拌至氢氧化钠完全溶解。溶好的碱水请静置5～10分钟，待变成透明状后，再将其降温至30℃。

02　将椰子油、油煎药材后的棕榈油和芒果脂倒入锅中，加热至50℃，待芒果脂全部化开后，让油品降温到30℃。

03　当碱水降温到30℃时，将其缓慢地倒入锅中，与油品混合。

04　搅拌到稀度浓稠时，可先取出200克皂液，加入二氧化钛拌匀。

05　搅拌到中度浓稠时，可依序滴入精油。

06　将一部分原色皂液倒入量杯中，将一部分二氧化钛皂液倒入原色皂液上。

07　将做法6的皂液倒入模具中，重复此操作。

08　入模完毕，放入保温袋保温。

小 课 堂

▪▪ 将棕榈油、生地和丹皮放入陶锅中，以小火煎至中药材呈酥脆状。入皂时，请先过滤掉中药材。

▪▪ 煎药材的容器以陶器、砂锅为首选，不能用铁锅。一般来说，煎药材都是采用"先大火再小火"的方式，以大火煮至沸腾，再转小火慢慢煎煮，用时15~20分钟。还可以依药材的性质控制火候，比如不易出汁的根茎类药物，由于不易煮透，需以小火久煎；而易挥发的花叶类药物，需大火急煎，煎太久容易丧失药效。

药材说明

 生地

主治阴虚内热、虚烦不眠、月经过多等症状。

丹皮

中医认为，其性微寒，具凉血、清热、散瘀之效。

茯苓陈皮镇静安神皂

橘子在冬转春之际时产量最多，吃完橘子剩下的果皮，晒干后就是陈皮了。将陈皮磨成粉末入皂，有去角质的效果。此款手工皂添加了樱桃核仁油和玫瑰草精油，能够平衡油脂分泌，相当适合泛油缺水以及粉刺型肌肤，此外，还具有安抚情绪、镇定安神的效果。

配方 *Material*

◌ 油脂

椰子油 140克
棕榈油 110克
茯苓浸泡橄榄油 85克
樱桃核仁油 165克

- - - - - - - - - - - - - - - - - - - -

总油重 500克

◌ 碱液

氢氧化钠 76克
纯净水 152克

◌ 添加物

陈皮粉 10克
茯苓粉 10克
粉红矿物粉 5克
可可粉 10克
SF：冷压树莓籽油 15克

◌ 精油

香茅精油 10毫升
玫瑰草精油 5毫升
安息香精油 5毫升

制皂步骤 *Step*

01 将称量好的氢氧化钠和水进行溶碱：把氢氧化钠加入水中，轻轻搅拌至氢氧化钠完全溶解。溶好的碱水静置5~10分钟，待变成透明状后，再将其降温至30℃。

02 将油品依序倒入锅中。

03 当碱水降温到30℃时，将其缓慢地倒入锅中，与油品混合。

04 搅拌到稀度浓稠时，可加入冷压树莓籽油，搅拌均匀。

05 搅拌到中度浓稠时，加入陈皮粉和茯苓粉搅拌均匀，再加入精油。

06 取150克皂液，加入粉红矿物粉搅拌均匀后，装入挤压瓶中。

07 再取150克皂液，加入可可粉搅拌均匀后，装入挤压瓶中。

08 将锅中剩余的原色皂液装入挤压瓶中。

接下页——➤

09 制作第一层：先将原色皂液在模具中挤成圆点状，第一圈与第二圈之间要有间隔。将粉红皂液挤在原皂液的右边，不要接触到原色皂液。将可可皂液挤在粉红皂液的右边，不要接触到粉红皂液。

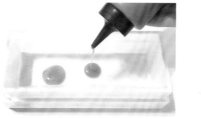 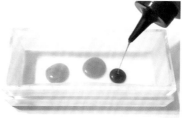

10 在挤第二层时，要与第一层的圈圈区分开来，相同颜色不要重叠挤在一起。

11 重复以上操作，将皂液挤完。

12 放入保温袋保温。

药材说明

🌿 茯苓

味甘、淡、性平，入药具有利水渗湿、益脾和胃、宁心安神之效。古人称茯苓为"四时神药"，其功效十分广泛，能与各种药物配合。

🌿 陈皮

重要中药材，亦可以用作烹饪作料及制作零食。根据《本草纲目》记载：陈皮疗呕哕反胃嘈杂，时吐清水，痰痞咳疟，大肠闭塞，妇人乳痈。入食料，解鱼腥毒。好古曰，橘皮以色红日久者为佳，故曰红皮、陈皮。去白者曰橘红也。

Chinese Medicinal Soap

雄黄金银花滋润光泽皂

橄榄脂主要有滋润、抗氧化、使细胞再生、修复细纹和皱纹、愈合皲裂肌肤及恢复弹性等作用，在冬天制皂的时候可以加入，让肌肤在冬天时不会有皮肤皲裂、皮屑问题。

药材说明

金银花

具有清热解毒、消炎之效。此外，金银花加水蒸馏可制成金银花露，可用于解暑、止渴及治疗小儿痱子等症状。

雄黄

有良好的解毒作用。

配方 *Material*

💧油脂

椰子油 105克
棕榈油 150克
橄榄脂 75克
橄榄油 170克

- - - - - - - - - - - -

总油重 500克

🧪碱液

氢氧化钠 74克
金银花水冰块 185克

添加物

雄黄粉 10克

精油

茶树精油 10毫升
洋甘菊精油 5毫升

制皂步骤 *Step*

01 准备一口大锅，用来在下一步中进行溶碱降温。

02 将称量好的氢氧化钠和金银花水冰块进行溶碱：将金银花水冰块放入大锅中，再将氢氧化钠分三四次加入冰块中，轻轻搅拌至氢氧化钠及冰块完全溶解。碱水降温至30℃备用。

03 将椰子油、棕榈油和橄榄脂倒入锅中，加热至50℃，待橄榄脂全部化开后，再加入橄榄油，使油品降温到30℃。

04 当碱水降温到30℃时，将其缓慢地倒入锅中，与油品混合。

05 搅拌到稀度浓稠时，可以加入雄黄粉，搅拌均匀。

06 搅拌到中度浓稠时，可依序滴入精油。

07 入模，放入保温袋保温。

小课堂

- 金银花不论是新鲜或干燥的，都可以和水一起煮沸，变成金银花原汁，再冷冻制成冰块。

Chinese Medicinal Soap

雪燕赤芍丰泽弹力皂

此款无添加精油配方，使用冷压橄榄油、月桂果油做出来的香皂，就是天然的绿色。此外，还添加了雪燕，洗起来肌肤更滑嫩有弹性哦！

药材说明

✿ 赤芍

味苦，性微寒，临床上常用于凉血散瘀、清热退热、活血化瘀、消肿止痛。

✿ 川芎

据古书记载，其性温，对心绞痛、冠心病、感冒、头痛等有改善的作用。

✿ 雪燕

富含珍贵营养，除了补水保湿、减脂润肠之外，还能提高人体免疫力，增强儿童大脑发育等。

配方 *Material*

💧 油脂

冷压橄榄油　250克
月桂果油　250克

....

总油重　500克

🧪 碱液

氢氧化钠　69克
纯净水　138克

✢ 添加物

煎煮好的中药材打成泥（赤芍＋川芎＋雪燕）100克

制皂步骤 *Step*

01　将称量好的氢氧化钠和水进行溶碱：把氢氧化钠加入水中，轻轻搅拌至氢氧化钠完全溶解。溶好的碱水请静置5～10分钟，待变成透明状后，再将其降温至30℃。

02　将油品依序倒入锅中。

03　当碱水降温到30℃时，将其缓慢地倒入锅中，与油品混合。

04　搅拌到稀度浓稠时，放入打成泥的中药材，搅拌均匀。

05　搅拌到中度浓稠时，就可以入模，然后放入保温袋保温。

小课堂

▪▪ 煮雪燕之前，记得要用水泡软哦！

▪▪ 此款皂都是软油，建议三四天后再脱膜，皂体才不会过软。

一瓶到底液体皂、液态钠皂

液体皂制作很简单，成功率可以说是100%。如果想要增强信心的话，建议新手先认识液体皂后，再认识冷制皂。在观念上，也不会因为对冷制皂的认识，而把热制皂想成是不好洗、不好用的皂。

制作完成的液体皂称为"皂种"，会呈现固态状。依个人需求再加入水和精油稀释，就会变成琥珀色的液体皂，装瓶就能使用了。

natura®

Hand
made
Soap

MON
SALON

Nous voudrions être
toujours à côté de vous et
aider à vous embellir.

13.5 fl.oz. / 400ml

液体皂基本制作流程

液体皂属于热制皂的一种，制作过程中的温度在 80 ~ 90℃。
在制作前，先了解液体皂的计算方式，哪些油品可以制作液体皂，以及在配方上有什么注意事项。

1 / 不皂化物的比例

　　所谓不皂化物，指的是油脂皂化后，其中尚有一些物质如固醇、高分子醇、碳氢化合物、色素和脂溶性维生素等不溶于水而溶于有机溶剂的物质，这些物质统称为不皂化物，油脂中的不皂化物含量应限制在一定范围内。不皂化物含量越高，油脂品质越差。

　　如果变成香皂的比例不高，就代表有不皂化物含量太高的油品存在，在稀释后的液体皂中，会分离成两层，一层是透明的皂化物，另一层是不透明的不皂化物。不皂化物会起泡，但不具有任何的清洁力，所以在搭配比例上要非常注意，使用不皂化物含量高的油品时，尽量让用量不要超过总油量的5%，或者也可以不加入。

小贴士　✚ 不皂化物含量高的油品：
　　　　　棕榈油、白棕榈油、乳木果油、天然蜜蜡、黄金荷荷巴油、白油。

2 / 氢氧化钾（KOH）的用量与计算

每个油品的皂化价都不同，而皂化价代表的是皂化每1克油脂所需的碱的克数。这时需要根据氢氧化钾的皂化价来计算。氢氧化钾与水结合调配后，称为"钾水"。

举例说明：

配方为椰子油200克、蓖麻油100克、橄榄油200克

查表可知，氢氧化钾皂化价为椰子油0.266、蓖麻油0.18004、橄榄油0.1876

所需的氢氧化钾为：

$200 \times 0.266 + 100 \times 0.18004 + 200 \times 0.1876 = 108.724$克（可四舍五入）

3 / 水的用量

制作液体皂要计算两种水量，一种是溶解氢氧化钾所需要的水量，另一种是稀释皂种所需要的水量。

溶解氢氧化钾所需的水量为氢氧化钾用量的3.5倍。

即算出氢氧化钾的用量后再乘上3.5。

稀释皂种所需的水量＝总油量×（1～2倍）

假设：总油量500克×（1～2倍）

4 / 稀释皂种用的液体

一般我们都会用纯净水去做稀释，如果想要增加淡淡的自然香气，可以选择用纯露水（自制纯露水参考P.34～35）来稀释。也可以用中药材稀释，但需要煎煮后再做稀释。至于花草水的话，也要煮沸后再进行稀释。

5 / 精油或香精油

稀释完后，加入自己想要的精油就完成了。

每款精油都有特殊的香味及独特的功效，精油的分量占总油量的2%～3%，不要过度添加，否则会伤害肌肤。

6 ／ 增稠

这一步不一定要做，主要看自己是否习惯使用稀释后的液体皂。一般来说，很多人无法接受稀释完后过于稀的液体皂，因为没有市面上卖的沐浴乳显得那么浓稠。

接下来，将介绍四种增稠的方式：

一、天然的增稠剂——饱和盐水

煮沸一锅水，倒入盐，一直搅拌到盐无法溶解时，就是所谓的"饱和盐水"。

向液体皂内加入大约20%的饱和盐水，就可以达到理想的稠度。

举例：500毫升的液体皂，加入大约100毫升的饱和盐水就可以（但还是可以依照个人需求来增减用量）。

二、三仙胶

属于一种食品增稠剂，不受温度、强酸强碱或电解质的影响，可作为稠化剂或乳化剂，使用量在0.5%~1%。

三、乙基纤维素

具有黏合、填充、成膜等作用。使用量约在0.5%。

四、硼砂

用途相当广泛。往稀释好的液体皂内加入硼砂溶液（浓度33%），可增稠。体积比例约为20（液体皂）：1（硼砂溶液），观察稠度，若要加强稠度，可以每次以15毫升分次加入硼砂溶液，达到理想稠度即可。

洁白椰油皂

100%的椰子油制作出来的液体皂，泡沫细腻又好洗，洗净力完全不会输给冷制皂哦！

MON SALON

Nous voudrions être
toujours à côté de vous et
aider à vous embellir.

13.5 fl.oz. / 400ml

配方 *Material*

油脂

椰子油　500克

·····························

总油重　500克

钾水

氢氧化钾　133克

纯净水　466克

稀释皂种所需要的液体

纯净水　总油量的1倍

精油

尤加利精油　10毫升

山鸡椒精油　10毫升

制皂步骤 *Step*

01　油品倒入锅中，升温到80℃备用。

02　将称量好的氢氧化钾和纯净水进行溶钾水：把氢氧化钾分三四次慢慢加入水中，这时氢氧化钾会产生较大的气泡，请小心自身安全，轻轻搅拌至氢氧化钾完全溶解。溶解好的钾水不要降温。

接下页→

03 准备好油品及钾水，将钾水慢慢地倒入锅中，与油品一起混合，搅拌均匀。

小贴士　✚ 可以用电动搅拌棒辅助一起使用。

04 皂液搅拌到5分钟时，会开始变得混浊、有气泡产生，这是正常现象。

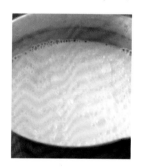

05 搅拌到10～20分钟时，过程中因高温会有少许烟雾，都是正常现象。

06 30分钟后，皂液会明显呈现白色绵密的乳霜状，这时的反应会非常快速，此时还需继续不停搅拌。

07 40分钟后，皂液会越来越浓稠，越来越搅不动，直到搅拌到像麦芽糖时就可以停止了。

08　用保鲜膜将锅密封，保温。

09　等待两周后，制作好的皂种就会完全变成透明状。此时皂种如果没有完全变透明（代表皂种未皂化完全），请将整锅皂拿进电饭锅蒸两次，皂种就会变透明了。

10　做好的皂种，可依照个人需求量进行稀释。将皂种撕成小块，倒入热水稀释。

11　完全稀释好后，可以滴入精油，装瓶使用。

小 课 堂

‧‧ 保温充足的话，皂种在两周后一定会皂化完成，变成透明状。

‧‧ 在溶解氢氧化钾时，要特别注意氢氧化钾遇水后会产生大量的气泡及烟雾，一定要做好自我防护。

‧‧ 如果要增稠，在稀释完之后就可以进行相关操作（参考P.117）。

清透润滑皂

如果头皮容易长痘痘，可以试试这款液体皂，从头到脚都可以使用，头发洗完后会有蓬松感，洗脸也不会有紧绷感。

122

配方 *Material*

💧油脂

椰子油　125克
橄榄油　135克
蓖麻油　190克
椿油　50克

‑‑‑‑‑‑‑‑‑‑‑‑‑‑‑‑‑‑‑‑‑

总油重　500克

🧪钾水

氢氧化钾　102克
纯净水　357克

💧稀释皂种所需要
的液体

薰衣草纯露　总油量的1倍

🖋精油

薰衣草精油　10毫升
快乐鼠尾草精油　10毫升
罗勒精油　5毫升

制皂步骤 *Step*

01　油品倒入锅中，升温到80℃备用。

02　将称量好的氢氧化钾和纯净水进行溶钾水：把氢氧化钾分三四次慢慢加入水中（这时氢氧化钾会产生较大的气泡，请小心自身安全），轻轻搅拌至氢氧化钾完全溶解。溶解好的钾水不要降温。

03　准备好油品及钾水，钾水慢慢地倒入锅中，与油品一起混合，搅拌均匀（可以用电动搅拌棒辅助一起使用）。

04　皂液搅拌到5分钟时，会开始变得混浊、有气泡产生，这是正常现象。

05　搅拌到10~20分钟时，过程中因高温会有少许烟雾，都是正常现象。

06　30分钟后，皂液会明显呈现白色绵密的乳霜状，这时的反应会非常快速，此时还需继续不停搅拌。

07　40分钟后，皂液会越来越浓稠，越来越搅不动，直到搅拌到像麦芽糖时就可以停止了。

接下页⟶

08 用保鲜膜将锅密封，保温。

09 等待两周后，制作好的皂种就会完全变成透明状。此时皂种如果没有完全变透明（代表皂种未皂化完全），请将整锅皂拿进电饭锅蒸两次，皂种就会变透明了。

10 做好的皂种，可依照个人需求量进行稀释。将皂种撕成小块，倒入纯露稀释。

11 完全稀释好后，可以滴入精油，装瓶使用。

Liquid Soap

修复干癣皂

干癣是相当扰人的，此款液体皂加入了深层滋养的酪梨油，除可提升肌肤保湿力之外，也能让肌肤得到充分的营养。

配方 *Material*

油脂

椰子油　125g
橄榄油　160g
酪梨油　215g

·······················

总油重　500克

钾水

氢氧化钾　103g
纯净水　361g

稀释皂种所需要的液体

洋甘菊纯露　总油量的1倍

精油

橙花精油　10毫升
云杉精油　10毫升
柠檬精油　5毫升

制皂步骤 *Step*

01　油品倒入锅中，升温到80℃备用。

02　将称量好的氢氧化钾和纯净水进行溶钾水：把氢氧化钾分三四次慢慢加入水中（这时氢氧化钾会产生较大的气泡，请小心自身安全），轻轻搅拌至氢氧化钾完全溶解。溶解好的钾水不要降温。

03　准备好油品及钾水，钾水慢慢地倒入锅中，与油品一起混合，搅拌均匀（可以用电动搅拌棒辅助一起使用）。

04　皂液搅拌到5分钟时，会开始变得混浊、有气泡产生，这是正常现象。

05　搅拌到10~20分钟时，过程中因高温会有些少许烟雾，都是正常现象。

06　30分钟后，皂液会明显呈现白色绵密的乳霜状，这时的反应会非常快速，此时还需继续不停搅拌。

07　40分钟后，皂液会越来越浓稠，越来越搅不动，直到搅拌到像麦芽糖时就可以停止了。

08　用保鲜膜将锅密封，保温。

09　等待两周后，制作好的皂种就会完全变成透明状。此时皂种如果没有完全变透明（代表皂种未皂化完全），请将整锅皂拿进电饭锅蒸两次，皂种就会变透明了。

10　做好的皂种，可依照个人需求量进行稀释。将皂种撕成小块，倒入纯露稀释。

11　完全稀释好后，可以滴入精油，装瓶使用。

温和细致皂

在稀释时，用了甘草、菊花中药材煎煮的水来做稀释，所以
会有淡淡的中药味，不会与精油香味互相影响。

配方 *Material*

💧油脂

椰子油　125克
甜杏仁油　125克
蓖麻油　250克

‥‥‥‥‥‥‥‥‥

总油重　500克

🧪钾水

氢氧化钾　102克
纯净水　357克

✒精油

洋甘菊精油　10毫升
血橙精油　10毫升
雪松精油　10毫升

🥄稀释皂种所需要的液体

甘草和菊花煮成水　总油量的1倍

制皂步骤 *Step*

01　油品倒入锅中，升温到80℃备用。

02　将称量好的氢氧化钾和纯净水进行溶钾水：把氢氧化钾分三四次慢慢加入水中（这时氢氧化钾会产生较大的气泡，请小心自身安全），轻轻搅拌至氢氧化钾完全溶解。溶解好的钾水不要降温。

03　准备好油品及钾水，钾水慢慢地倒入锅中，与油品一起混合，搅拌均匀（可以用电动搅拌棒辅助一起使用）。

04　皂液搅拌到5分钟时，会开始变得混浊、有气泡产生，这是正常现象。

05　搅拌到10~20分钟时，过程中因高温会有少许烟雾，都是正常现象。

06　30分钟后，皂液会明显呈现白色绵密的乳霜状，这时的反应会非常快速，此时还需继续不停搅拌。

07　40分钟后，皂液会越来越浓稠，越来越搅不动，直到搅拌到像麦芽糖时就可以停止了。

08　用保鲜膜将锅密封，保温。

09　等待两周后，制作好的皂种就会完全变成透明状。此时皂种如果没有完全变透明（代表皂种未皂化完全），请将整锅皂拿进电饭锅蒸两次，皂种就会变透明了。

10　做好的皂种，可依照个人需求量进行稀释。将皂种撕成小块，倒入用甘草和菊花煮的水进行稀释。

11　完全稀释好后，可以滴入精油，装瓶使用。

Liquid Soap

修护毛糙洗发皂

有头发毛糙、不具光泽的烦恼吗？这款液体皂添加了花梨木精油，可以修复毛糙，让头发变得很柔顺，快来改善稻草头吧。

配方 *Material*

💧油脂

椰子油　250克
椿油　150克
蓖麻油　65克
荷荷巴油　35克

··

总油重　500克

🧪钾水

氢氧化钾　110克
纯净水　385克

💦稀释皂种所需要的液体

薰衣草纯露　总油量的1倍

✒精油

绿花白千层精油　10毫升
花梨木精油　10毫升
依兰精油　10毫升

制皂步骤 *Step*

01　油品倒入锅中，升温到80℃备用。

02　将称量好的氢氧化钾和纯净水进行溶钾水：把氢氧化钾分三四次慢慢加入水中（这时氢氧化钾会产生较大的气泡，请小心自身安全），轻轻搅拌至氢氧化钾完全溶解。溶解好的钾水不要降温。

03　准备好油品及钾水，钾水慢慢地倒入锅中，与油品一起混合，搅拌均匀（可以用电动搅拌棒辅助一起使用）。

04　皂液搅拌到5分钟时，会开始变得混浊、有气泡产生，这是正常现象。

05　搅拌到10～20分钟时，过程中因高温会有少许烟雾，都是正常现象。

06　30分钟后，皂液会明显呈现白色绵密的乳霜状，这时的反应会非常快速，此时还需继续不停搅拌。

07　40分钟后，皂液会越来越浓稠，越来越搅不动，直到搅拌到像麦芽糖时就可以停止了。

08　用保鲜膜将锅密封，保温。

09　等待两周后，制作好的皂种就会完全变成透明状。此时皂种如果没有完全变透明（代表皂种未皂化完全），请将整锅皂拿进电饭锅蒸两次，皂种就会变透明了。

10　做好的皂种，可依照个人需求量进行稀释。将皂种撕成小块，倒入纯露稀释。

11　完全稀释好后，可以滴入精油，装瓶使用。

液态钠皂基本制作流程

近几年，"液态钠皂"变得很流行，其实很早就有人在制作了！液态钠皂的变化性很多，可以玩出不同的乐趣。

1 / 液态钠皂的计算方式

与制作冷制皂的算法相同。（参考P.24）

2 / 水的用量

制作液态钠皂要计算两种水量，一种是溶解氢氧化钠所需要的水量，另一种是稀释皂种所需要的水量。

溶解氢氧化钠所需的水量为氢氧化钠用量的3.5倍。
即算出氢氧化钠的用量后再乘上3.5。
稀释皂种所需的水量 = 总油量 × （1～2倍）
假设：总油量500克 × （1～2倍）

3 / 稀释皂种用的液体

一般我们都会用纯净水去做稀释，如果想要增加淡淡的自然香气，可以选择用纯露水（自制纯露水参考P.34～35）来稀释。也可以用中药材稀释，但需要煎煮后再做稀释。至于花草水的话，也要煮沸后再进行稀释。

4 / 精油或香精油

稀释完后，就可以加入自己想要的精油。每款精油都有特殊的香味及独特的功效，精油的分量占总油量的2%～3%，不要过度添加，否则会伤害肌肤。

5 / 调色

请用耐碱性的水性原料调色。

养颜美肤皂

此款液态钠皂是利用自然课的分层理论，把颜色明显地做出分层，令大家为之惊艳，原来液体皂也可以做出变化。

配方 *Material*

油脂

椰子油　125克
蓖麻油　250克
甜杏仁油　125克

———————————

总油重　500克

碱水

氢氧化钠　73克
纯净水　256克

溶剂

甘油　95克
酒精　185克

稀释皂种所需要的液体

玫瑰纯露　总油量的1倍

添加物

果糖　30克
耐碱的水性原料（蓝色、红色、黄色）　各2滴

精油

云杉精油　10毫升
天竺葵精油　10毫升

制皂步骤 *Step*

01　将称量好的氢氧化钠和水溶碱：把水慢慢倒入氢氧化钠中，并用长柄勺轻轻搅拌至氢氧化钠溶于水中。倒入的过程中，会有少许烟雾产生，为避免吸入，请戴上口罩，并去户外空旷处调制，等碱水降温至60℃。

02　将三种油品依序倒入锅中，升温到60℃。

接下页━━▶

03 当碱水和油品温度达到60℃时就可以开始混合搅拌，搅拌到非常浓稠的程度。

04 将浓稠的皂液用炖锅煮至70~80℃。

05 在煮皂液的期间，先将酒精与甘油混合。

06 皂液煮成皂糊后请离火，将混合后的酒精与甘油倒入锅中，这时皂糊会瞬间变成水状。

07 将皂液再煮30分钟，温度维持在70～80℃，即完成皂种。

08 做好的皂种和液体稀释的比例是1：1，请先将皂种稀释完成。

09 稀释好的皂液，可先加入精油做调味。接着先取30克倒入不锈钢杯或玻璃量杯后，倒入15克果糖，再加入蓝色液搅拌均匀。

接下页→

10 准备一个玻璃瓶，把刚调好的那杯倒入瓶中，静置。

11 接着再将30克皂液倒入不锈钢杯或玻璃量杯后，倒入10克果糖，再加入红色液
搅拌均匀。倒入瓶子时，请用玻璃棒辅助将皂液慢慢倒入，这时就会呈现出第
二层颜色，静置。

12　再将30克皂液倒入不锈钢杯或玻璃量杯后，倒入5克果糖，再加入黄色液搅拌均匀。倒入瓶子时，请用玻璃棒辅助将皂液慢慢倒入，这时就会呈现出第三层颜色，静置。

13　最后将30克皂液倒入不锈钢杯或玻璃量杯后，再加入蓝色液和红色液拌匀成紫色。倒入瓶子时，请用玻璃棒（也可用竹筷）辅助将皂液慢慢倒入，这时就会呈现出第四层颜色，静置完成。

焕肤光泽皂

橙花精油具有香甜的气味，沐浴时闻到可以消除疲惫，缓解肌肉抽筋，对皮肤有回春的功效，再加上分层液体皂的美丽视觉效果，会非常舒服。

配方 *Material*

🌢 油脂

椰子油　125克
蓖麻油　175克
芝麻油　100克
榛果油　100克

总油重　500克

🧪 碱水

氢氧化钠　73克
纯净水　256克

🧪 溶剂

甘油　95克
酒精　185克
砂糖　115克
溶砂糖的水量　82克

🧪 稀释皂种所需要的液体

橙花纯露　总油量的1倍

🖊 精油

桧木精油　5毫升
橙花精油　10毫升

制皂步骤 *Step*

01　将称量好的氢氧化钠和水进行溶碱：把水慢慢倒入氢氧化钠中，并用长柄勺轻轻搅拌至氢氧化钠溶于水中。倒入的过程中，会有少许烟雾产生，为避免吸入，请戴上口罩，并去户外空旷处调制，等碱水降温至60℃。

02　将四种油品依序倒入锅中，升温到60℃。

03　当碱水和油品温度达到60℃时，就可以开始混合搅拌，搅拌到非常浓稠的程度。

04　将浓稠的皂液用炖锅煮至70~80℃。

05　在煮皂液的期间，先将酒精与甘油混合。

06　皂液煮成皂糊后请离火，将混合后的酒精与甘油倒入锅中，这时皂糊会瞬间变成水状。

07　将皂液再煮30分钟（温度维持在70~80℃），即完成皂种。

08　先将糖和水煮沸（糖完全化开）备用。

09　将皂液煮好后取出，把糖水加进去，即完成皂种。

10　做好的皂种和液体稀释的比例是1：1，请先将皂种稀释完成。

11　稀释好的皂液，就可以加入精油做调味。

12　将稀释好的皂液，选个喜爱的瓶子，倒入使用即可。

Liquid
Soap

受损安抚洗发皂

配方中添加了何首乌，可以促进头发黑色素的生成以及养护头皮、营养发根，对头油、头皮屑、发质受损都有改善的效果。

配方 *Material*

💧油脂

椰子油　75克
蓖麻油　150克
苦茶油　125克
椿油　125克
荷荷巴油　25克

••••••••••••••••••••••••

总油重　500克

🛢碱水

氢氧化钠　69克
纯净水　242克

⚗溶剂

甘油　95克
酒精　185克

⚗稀释皂种所需要的液体

煮何首乌水　总油量的1倍

✒精油

安息香精油　10克
薰衣草精油　10克

制皂步骤 *Step*

01　将称量好的氢氧化钠和水进行溶碱：把水慢慢倒入氢氧化钠中，并用长柄勺轻轻搅拌至氢氧化钠溶于水中。倒入的过程中，会有少许烟雾产生，为避免吸入，请戴上口罩，并去户外空旷处调制，等碱水降温至60℃。

02　将五种油品依序倒入锅中，升温到60℃。

03　当碱水和油品的温度达到60℃时，就可以混合开始搅拌，搅拌到非常浓稠的程度。

04　将浓稠的皂液用炖锅煮至70～80℃。

05　在煮皂液的期间，先将酒精与甘油混合。

06　皂液煮成皂糊后请离火，将混合后的酒精与甘油倒入锅中，这时皂糊会瞬间变成水状。

07　将皂液再煮30分钟（温度维持在70～80℃），即完成皂种。

08　做好的皂种和何首乌水稀释的比例是1：1，皂种稀释完成后就可以加入自己喜爱的精油或香精。

快查表：常用植物性油脂的皂化价与INS值

油的特征分类	油脂		熔点（℃）	皂化价		建议用量	INS值
	中文名	英文名		氢氧化钠	氢氧化钾		
可促进起泡的油	椰子油	Coconut Oil	20~28	0.19	0.266	15%~35%	258
	棕榈核油	Palm Kernel Oil	25~30	0.156	0.2184	15%~35%	183
不易融化的硬肥皂油	棕榈油	Palm Oil	27~50	0.141	0.1974	10%~60%	145
	红棕榈油	Red Palm Oil	27~50	0.141	0.1974	10%~60%	145
不易融化的硬肥皂油，并能在肌肤上形成保护膜	可可脂	Cocoa Butter	32~39	0.137	0.1918	15%	157
	芒果油	Mango Oil		0.128	0.1792	5%~10%	120
	芒果脂	Mango Butter		0.1371	0.19194	15%	146
	乳木果油	Shea Butter	23~45	0.128	0.1792	15%	116
	乳木果浓缩油	Shea Oil		0.183	0.2562	10%~20%	107
有保湿力的肥皂油	甜杏仁油	Sweet Almond Oil	−21~−10	0.136	0.1904	15%~30%	97
	杏桃仁油	Apricot Kernel Oil	−22~−4	0.135	0.189	15%~30%	91
	酪梨油	Avocado Oil		0.133	0.1862	10%~30%	99
	酪梨脂	Avocado Butter		0.1339	0.18746	10%~30%	120
	椿油	Camellia Oil	−20~−15	0.1362	0.19068	可100%使用	108
	蓖麻油	Castor Oil	−13~−10	0.1286	0.18004	5%~20%	95
	榛果油	Hazelnut Oil		0.1356	0.18984	15%~30%	94
	澳洲胡桃油	Macadamia Nut Oil		0.139	0.1946	15%~30%	119
	橄榄油	Olive Oil	0~6	0.134	0.1876	可100%使用	109
	花生油	Peanut Oil	0~3	0.136	0.1904	10%~20%	99
	苦茶油	Oiltea Camellia Oil		0.136	0.1904	可100%使用	108
	荷荷巴油	Jojoba Oil		0.069	0.0966	7%~8%	11
用于护肤用品的动物性蜡及油脂	蜂蜡、蜜蜡	Beeswax	61~66	0.069	0.0966	2%~5%	84
	羊毛脂	Lanolin		0.0741	0.10374	4%~超脂	83
其余油品	白油	Shortening		0.136	0.1904	10%~20%	115
	巴西核果油	Babassu Oil		0.175	0.245		230
	大麻籽油	Hemp Seed Oil		0.1345	0.1883	5%~超脂	39
	苦楝油	Neem Oil		0.1387	0.19418	10%~20%	124
	开心果油	Pistachio Nut Oil		0.1328	0.18592	10%~35%	92
	南瓜子油	Pumpkin Seed Oil		0.1331	0.18634		67